WWF

escrituras

PLANETA TERRA

200 LUGARES DE PRESERVAÇAO PRIORITÁRIA

NO MUNDO TODO COM A **WWF**
para salvar a natureza

Editor Raimundo Gadelha

Coordenador Editorial e Gráfico Fernando Borsetti

Tradução Silmara de Oliveira

Revisão Renata Assumpção

Diagramação Vaner Alaimo

Dados Internacionais de Catalogação na Publicação (CIP)
(Câmara Brasileira do Livro, SP, Brasil)

Planeta Terra : 200 lugares de preservação
prioritária / prefácio Fulco Pratesi ;
[versão para o inglês Silmara de Oliveira]. --
São Paulo : Escrituras Editora, 2008.

Título original: Global 200 : places that
must survive.
Vários colaboradores.
ISBN 978-85-7531-305-3

1. Biodiversidade 2. Biodiversidade -
Conservação - Obras ilustradas 3. Conservação
da natureza 4. Ecossistemas - Administração
5. Paisagens - Proteção 6. Terra (Planeta)
I. Pratesi, Fulco

08-08725 CDD-333.9516

Índices para catálogo sistemático:

1. Planeta Terra : Biodiversidade : Conservação :
Recursos naturais 333.9516
2. Planeta Terra : Conservação da
biodiversidade : Recursos naturais
333.9516

Prefácio Fulco Pratesi

Coordenação editorial WWF-Italy Simona Giordano

Textos Simona Giordano, Fabrizio Bulgarini, Corrado Teofili, Stefano Petrella, Fulvio Cerfolli, Myrta Mafai, Beatrice Frank, Marco Costantini

Diretora editorial Valeria Manferto De Fabianis

Desenho gráfico Patrizia Balocco Lovisetti

Editores colaboradores Giorgio Ferrero, Marcello Libra, Giorgia Raineri

Coordenação da ONG - Onlus WWF-Italia Barbara Franco, Gerente de Publicidade e Publicações em Multimídia

PLANETA TERRA

SUMÁRIO

Um mundo belo e diversificado

É praticamente certo: entre os bilhões de astros e planetas do Universo, deve haver um que se pareça com a Terra de certa forma. Mesmo desejando boa sorte aos astrofísicos que se dedicam a esta busca extenuante, mantenho minha opinião de que o terceiro planeta do sistema solar ainda é, e vai continuar por séculos, o mais rico, bonito e diversificado de toda a galáxia. Basta lembrar a variedade de suas ecorregiões, conforme retratadas pelos autores deste livro, com paisagens que variam de savanas africanas ensolaradas e áridas a florestas de abetos e pinheiros da taiga siberiana, imensas pradarias da estepe na Mongólia, entrelaçamento infernal de árvores, arbustos, cipós e fetos arbóreos da Bacia do Congo, adornos em pedras produzidos pela Grande Barreira de Corais e catedrais de gelo na Antártica, entre tantos outros.

Naturalistas especialistas da WWF identificaram milhares de ecorregiões – centenas delas excepcionalmente importantes e simbólicas – mas as áreas estudadas neste livro são as mais emblemáticas dentre todas. Porém, a nossa admiração não deve ser limitada à exibição de paisagens e habitats. Estas regiões são, acima de tudo, monumentos sagrados da maravilha natural que chamamos de biodiversidade. De fato, cada metro quadrado delas representa uma concentração de vida animal: de pequenos acarinos e insetos tipo collembola que vivem em solo profundo, insetos e aranhas em geral, besouros e borboletas, pequenos roedores e répteis, morcegos e pássaros, passando por grandes herbívoros, girafas da África, cangurus da Austrália, bisões da América do Norte, guanacos da Patagônia, rinocerontes da Índia, gorilas das montanhas etc. No alto da cadeia alimentar estão os predadores – condores, leopardos-nebulosos, tigres, tubarões, leões e orcas – formando um concerto harmonioso infinito, no qual cada instrumento possui lugar e papel únicos. Se algum deles for retirado, mesmo o menor e menos importante de todos, danos irreparáveis podem ocorrer. Tente, por exemplo, retirar uma vírgula ou consoante de um romance. Você vai ver como tudo muda, tornando-se mais incompreensível e perdendo seu encanto e significado.

Este é o compromisso da WWF e dos autores deste livro: lutar contra a degradação constante e global que a nossa espécie, cada vez mais arrogante e agressiva, instaura em suas próprias raízes vitais.

Não há melhor maneira de mudar a situação que colocar o leitor, mesmo aquele indiferente e desinteressado, frente a frente com os paraísos que ainda permanecem na Terra, onde a sinfonia inimitável da biodiversidade natural ainda sobrevive em seu maior esplendor (embora não se saiba até quando). A descrição de problemas e possíveis soluções (como faz este livro) pode estimular ações tangíveis e constantes de defesa da natureza. A Mãe Terra certamente merece este esforço.

Fulco Pratesi

INTRODUÇÃO

PLANETA TERRA

A natureza não conhece fronteiras. Palavras como "nação", "costumes" ou "passaporte" são insignificantes para uma floresta, um lago ou recife de coral. A vontade incontrolável que leva o rio a cruzar vários países, barreiras políticas, sistemas econômicos, línguas e culturas não se curva ao impulso de colonização da humanidade, que desenha a paisagem em um mapa, classificando, nomeando, organizando, distribuindo e separando a natureza. Porém, embora suas principais manifestações resistam a estas tentativas, a natureza que nos cerca está incomodada e, em alguns casos, agonizando. É verdade que não existe, por exemplo, barreira em qualquer fronteira interrompendo o curso de um rio; por outro lado, suas águas são escoadas por barragens e ocorrem secas cada vez mais freqüentes por causa de mudanças no clima. Embora o crescimento de uma floresta não possa ficar restrito ao território de um país, sua área é drasticamente reduzida por queimadas ou derrubadas irregulares para dar lugar ao cultivo de terras. Muitas espécies de animais não mais passeiam livremente em seus habitats, que podem corresponder a territórios de mais de um país, mas estão, sim, confinadas em áreas naturais ou foram relegadas a parques e reservas naturais cercadas, que pertencem a um país em particular.

"A Terra possui música para aqueles que ouvem", Shakespeare escreveu, mas hoje parece que esta harmonia, criada pela interação de diferentes componentes em constante movimento, como as cordas de um violão com infinitas possibilidades de variação, tornou-se uma vibração vaga de segundo plano que não queremos mais ouvir ou que não conseguimos mais notar. Acostumados a paisagens cada vez mais familiares e lugares urbanos onde as terras são planejadas, construídas e inseridas em meios reconfortantes de percepção (como navegar pela rede), parece que nós não mais percebemos a presença física da natureza e os valores que ela representa. Este fato constitui um problema sério se considerarmos o atual número de habitantes, extremamente alto, associado à área de superfície limitada da Terra e à capacidade conseqüentemente limitada de produzir recursos para todos. No início do século XX, a população do mundo era de 1,6 bilhão. Até o final do século, tinha ultrapassado 6 bilhões. Hoje já atingiu 6,5 bilhões, e, de acordo com relatórios de Perspectivas da População Mundial das Nações Unidas, a previsão é atingir 9,2 bilhões até 2050. Neste mundo tão cheio de gente, é fundamental considerar com atenção as nossas escolhas, ações e a nossa existência, que influencia o equilíbrio delicado do nosso planeta.

Embora a evolução da vida na Terra tenha sempre sido acompanhada de perto, e incansavelmente, por conta dos processos de extinção de espécies e da redução de habitats naturais, estes fenômenos hoje parecem muito mais acelerados. John H. Lawton e Robert M. May, pesquisadores da Universidade de Oxford, afirmam que 99% das extinções da era moderna podem ser atribuídas às atividades do homem, que são muitas e bem variadas – da exploração direta dos recursos naturais devido ao cultivo

intensivo e expansão de atividades industriais e infra-estruturas de comunicação até aquelas que têm influenciado diretamente o meio ambiente, como a emissão de substâncias tóxicas e o aumento de dióxido de carbono na atmosfera, que estão causando mudanças no clima. Estes fatores são diretamente responsáveis não apenas pela perda de biodiversidade, mas também pela debilitação dos ecossistemas do mundo, reduzindo, desta forma, sua capacidade de resistir e reagir, e ameaçando os processos ecológicos e evolutivos. A introdução intencional ou não de espécies de alóctones (plantas e animais que não são nativos de uma região) apresenta um efeito igualmente prejudicial. Na maioria dos casos, estas introduções são feitas por razões puramente comerciais e podem alterar seriamente os ecossistemas. De fato, o surgimento inesperado de novos concorrentes, predadores ou parasitas aos quais as espécies endêmicas ainda não tiveram oportunidade de se adaptar, geralmente causa uma redução drástica das espécies nativas, esgotamento das cadeias alimentares e uma perda lenta, porém permanente, de biodiversidade. Na maioria dos casos, este problema assume a forma de uma sentença irrevogável: extinção. E extinção é para sempre.

Um outro fenômeno perigoso e cada vez mais freqüente é a fragmentação dos habitats e, portanto, das áreas de distribuição, de espécies animais e vegetais. Conseqüentemente, as populações são gradualmente separadas umas das outras, formando subpopulações isoladas e, portanto, mais fracas. Uma das principais causas desta fragmentação e redução de habitats é novamente o crescimento descontrolado de infra-estruturas para o homem, com a transformação crescente das áreas naturais em zonas controladas por ele para fins exclusivamente comerciais. A substituição de paisagens naturais por cenários industriais metropolitanos também fragmenta a identidade e consciência do homem, mudando o caráter da vida material do "homem moderno" e criando divisões cada vez mais irreversíveis.

O modelo ocidental de desenvolvimento do consumidor não funciona mais. Atualmente, os nossos sistemas econômicos e sociais esgotam mais recursos do que os sistemas naturais podem regenerar e introduzem mais poluentes do que podem receber e processar. O espaço do homem na Terra é surpreendente se considerarmos que usamos para nossos propósitos mais de 20% da energia gerada pelos ecossistemas do mundo (embora este número aumente para 70% em áreas como Europa Ocidental, América do Norte e centro-sul da Ásia). A principal produção de um ecossistema, isto é, a energia solar convertida em material orgânico por fotossíntese, deve estar disponível para garantir a estabilidade e a integridade de suas cadeias alimentares (plantas, herbívoros, carnívoros, saprófitos, detritívoros etc.), das quais o homem também faz parte. Porém, testemunhamos hoje a triste visão de um grande reservatório do qual somente um usuário, a população humana que cresce vertiginosamente (e quase

PLANETA TERRA

exclusivamente suas sociedades mais ricas), está tirando até 70% de seu conteúdo de uma vez. Os outros 30% são para o resto do mundo usar como puder para sobreviver. Reverter este comportamento insano é a árdua tarefa que as gerações do terceiro milênio devem realizar com humildade e determinação.

A Cúpula Mundial sobre Desenvolvimento Sustentável, que ocorreu em Joanesburgo em 2002, forneceu uma oportunidade para reflexão durante a qual a comunidade internacional tentou lidar com os desafios apresentados pela pobreza e crescente falta de recursos. Nesta ocasião, os governos do mundo aprovaram um plano de ação que tenta reconciliar os objetivos da sustentabilidade ambiental com os objetivos econômicos e sociais. Além disso, afirma claramente a necessidade de uma redução significativa na taxa de destruição da biodiversidade da Terra e melhorias nas condições de vida nos países em desenvolvimento até 2010. O objetivo desta reunião em Joanesburgo foi a implementação da Convenção sobre Diversidade Biológica, assinada na Cúpula da Terra realizada no Rio de Janeiro e aprovada em 1993, tornando-a o principal instrumento para atingir o progresso concreto necessário para chegar ao desenvolvimento sustentável.

Com base nestes aspectos e considerando o fato de que tanto os recursos econômicos quanto o escopo da ação de conservação da biodiversidade são limitados, a WWF Internacional lançou uma visão abrangente e ambiciosa, que consiste na adoção de uma estratégia de Conservação com Base em Ecorregiões (ERBC – Ecoregion Based Conservation) para representar uma "nova mentalidade", uma nova maneira de pensar e agir. Em primeiro lugar, o alvo dos esforços de conservação segue o espírito da natureza, indo além das fronteiras de um país, para englobar contextos geográficos, políticos e sociais mais amplos. Esta idéia acabou gerando o princípio de ecorregião, uma nova área que não está ligada à divisão política e que será discutida em detalhes no próximo capítulo. Em segundo lugar, a estratégia tem a intenção de ser "pró-ativa" e não meramente "reativa", o que significa intervir antes que os ecossistemas sejam irreversivelmente danificados. Por fim, o interesse na conservação da biodiversidade deve ser estendido à vida material de todas as categorias da sociedade. Não pode mais ser visto simplesmente como "o negócio dos ambientalistas", mas deve fazer parte dos programas de líderes políticos, economistas, meios de comunicação de massa e universos de educação e emprego.

A participação de pessoas que pertencem a universos bem diferentes e distantes exige esforços culturais consideráveis em termos de idéias e projetos, particularmente onde não é fácil fazer enxergar as

fases e os objetivos deste ambicioso curso de ações. Um grupo científico internacional coordenado pela WWF detectou os lugares (ecorregiões) do mundo com a maior variedade de formas de vida, onde os processos evolutivos expressam os mais altos níveis de biodiversidade e adaptação, como florestas tropicais, recifes de coral, deltas fluviais, estuários e desertos. Nestas áreas, 238 ecorregiões de prioridade global foram identificadas com necessidade de proteção imediata e receberam o nome de *Global 200*. Estão divididas em ecorregiões terrestres, marinhas e fluviais e abrigam 90% da biodiversidade do mundo todo.

Assim como no jogo, usando caixas chinesas, selecionamos um grupo de ecorregiões mais representativas para apresentar ao leitor – uma seleção dentro de outra seleção – para mostrar as mais bonitas expressões da biodiversidade. Esta é a intenção deste livro, cujos 28 capítulos apresentam 53 ecorregiões. Em alguns casos, são áreas com um número excepcionalmente alto de espécies, enquanto outras são desertos com poucas formas de vida espalhadas, porque a biodiversidade não se expressa somente em termos de densidade de espécies. A biodiversidade é a capacidade da natureza de oferecer vida a todos os habitats da Terra, explorando seus fluxos de energia da maneira mais eficiente possível por meio da evolução e da adaptação. O número de espécies diferentes é irrelevante; o que deveria nos surpreender é a compreensão de que um raio de sol, uma gota de água ou uma partícula de substância orgânica é suficiente para que a vida se expresse nas formas extraordinárias permitidas pelo tempo e por cada situação.

É isso que tentamos transmitir com este livro, que apresenta alguns capítulos dedicados a uma ecorregião exclusiva, enquanto outros, como o da Patagônia, incluem várias. Essa classificação depende do tamanho da área ou de outros fatores, como o encanto do leitor por certas áreas, número de espécies exclusivas, quantidade de informações disponíveis etc. Este último fator merece uma atenção particular. De fato, às vezes é difícil descrever certas áreas porque o nosso conhecimento científico sobre elas é restrito ou incompleto. Vivemos em uma sociedade na qual uma superabundância de informações e a facilidade de acesso a elas nos levam a acreditar que o conhecimento sobre qualquer coisa pode ser obtido de maneira rápida e fácil. Porém, isso não ocorre com a natureza. Na verdade, atrás de cada fotografia, cada organismo e cada ecossistema estão grandes esforços de homens e mulheres que também se reuniram e interpretaram com entusiasmo, paciência e habilidade as informações necessárias para a elaboração deste livro.

A seleção destes habitats e das ecorregiões em particular é uma tentativa de dar o primeiro passo à frente.

TERRA DIVERSIFICADA

ECORREGIÕES E A BIODIVERSIDADE

A grande variedade de espécies de animais e plantas da Terra, definida pelo termo diversidade biológica, ou biodiversidade, é uma das condições necessárias para a remodelação contínua e incessante da vida e constitui, desta forma, um recurso essencial para a sobrevivência de nossa espécie. Este conceito, ou visão, da totalidade dos sistemas da vida não é particularmente complexo, sendo geralmente um recurso de culturas e lendas populares tradicionais. Entretanto, nas sociedades modernas, a sabedoria da antigüidade, que imagina o homem como parte e totalmente dependente dos sistemas naturais, parece definitivamente ter se perdido. Florestas, pastos, tundras, desertos, estepes, montanhas, áreas de neve contínua nas regiões polares, rios, lagos e mares estão cada vez mais ameaçados pela degradação ambiental, poluição e erosão do solo. No mundo inteiro, espécies da fauna e da flora estão sumindo a cada dia, mas é a velocidade com que isto está acontecendo e a certeza da responsabilidade do homem pelo processo que constituem o grande motivo de preocupação (não é à toa que o notável paleontólogo e naturalista Niles Eldredge se refere a este período da história como a era da "Sexta Extinção em Massa").

São necessárias ações drásticas, mas como a humanidade (e o mundo político-econômico em particular) parece incapaz de colocar em prática o desejo de mudar a direção e designar recursos suficientes para este desafio decisivo – e que assinala uma nova época – é necessário planejar estratégias mais apropriadas, que possam otimizar os recursos empregados em batalhas contra as principais crises ambientais. Uma nova abordagem ao problema foi desenvolvida no início do novo milênio. Para realizar esta abordagem, um novo termo (e conceito) foi criado: a ecorregião. Uma ecorregião é uma unidade relativamente grande do território que consiste de habitats terrestres, marinhos e/ou fluviais caracterizados por um conjunto de comunidades naturais que compartilham a maioria das espécies de fauna e flora, dinâmica ecológica e condições ambientais. Depois disso, foi desenvolvido um método, conhecido como Conservação Ecorregional (ERC - Ecoregion Conservation), para tentar fornecer uma resposta ao problema da conservação. Este método está rapidamente provando ser uma estratégia eficaz e essencial para se obter resultados tangíveis e práticos. O objetivo é preservar o número maior possível de espécies, comunidades, habitats e processos ecológicos de uma ecorregião em particular.

A ERC foi oficialmente adotada como filosofia e método de intervenção pela rede internacional da WWF e da TNC (The Nature Conservancy), uma outra organização importante que luta para a proteção da natureza. Após o mapeamento e a classificação dos habitats mais significativos, que forneceram as primeiras análises comparativas da biodiversidade de todo o planeta, 1504 ecorregiões (as áreas mais importantes para a proteção da biodiversidade) foram identificadas no mundo inteiro: 825 terrestres, 450 marinhas e 229 fluviais. Estas áreas são geralmente supranacionais, pois os processos ecológicos em grande escala – a migração de aves, de tartarugas marinhas ou de grandes mamíferos, por exemplo – não estão sujeitos a fronteiras políticas. Conseqüentemente, o mapeamento das ecorregiões não somente gera uma nova conscientização ambiental, como também cria novos horizontes geográficos e uma nova forma de olhar e sentir o mundo.

Um recurso principal da Conversão Ecorregional, e também um de seus objetivos, é a visão da biodiversidade (isto é, o cenário desejável). Ela determina como a ecorregião inteira ficaria a longo prazo (daqui a 10, 20 ou 50 anos). Além disso, serve como um ponto de referência para medir o sucesso da ação de conservação aplicada ao longo dos anos.

Assim, a abordagem da Conservação Ecorregional consiste em uma visão a longo prazo, que indica as áreas de alta prioridade nas quais as atividades de conservação da biodiversidade e os objetivos estratégicos devem se concentrar, além da definição de objetivos estratégicos. Um Plano de Ação Ecorregional é criado para detalhar focos, recursos, parceiros e cronogramas e meio de intervenção. Além das metas de conservação, é muito importante considerar outros aspectos fundamentais, como política de suporte, educação ambiental, promoção da sociedade civil e monitoração dos resultados e previsão dos efeitos das atividades de conservação.

A estratégia ecorregional inclui uma série de atividades bem diferentes, que podem ser implementadas em vários níveis (local, nacional, ecorregional), contanto que contribuam para o sucesso da conservação da biodiversidade ecorregional. Um grupo de ecorregiões é selecionado em cada meio biogeográfico, com base em uma série de parâmetros, incluindo riqueza de espécies, presença de espécies endêmicas (isto é, espécies não encontradas em qualquer outro lugar) e nível de perda do habitat.

A WWF está há muito tempo envolvida na batalha de preservação da biodiversidade – resultado de 3,5 bilhões de anos de evolução – e seus esforços contínuos de várias décadas permitem uma compreensão ainda maior da importância da conservação da natureza, que se tornou um tema central de políticas referentes à sustentabilidade do desenvolvimento econômico e social da humanidade. Deixando de lado a definição científica do termo e sua importância de uma perspectiva puramente prática, o conceito de "ecorregião" é, de fato, baseado em uma idéia silenciosamente subversiva e, na verdade, implica uma reviravolta das nossas noções de geografia e da visão convencional do planeta dividido por fronteiras políticas, porque considerar a Terra em termos de ecorregiões significa reconsiderar o papel original da natureza e seus habitantes.

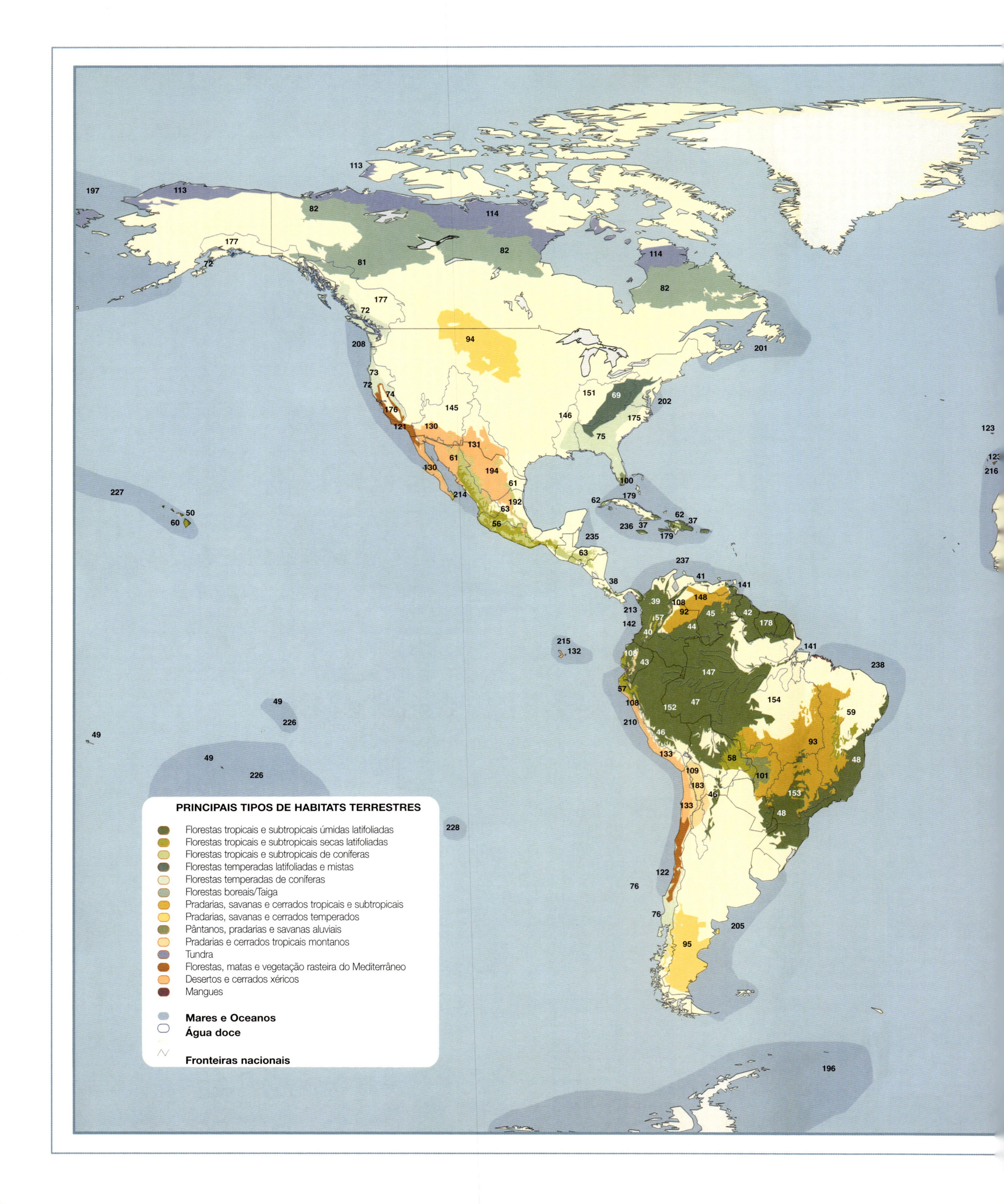

PRINCIPAIS TIPOS DE HABITATS TERRESTRES
Florestas tropicais e subtropicais úmidas latifoliadas
Florestas tropicais e subtropicais secas latifoliadas
Florestas tropicais e subtropicais de coníferas
Florestas temperadas latifoliadas e mistas
Florestas temperadas de coníferas
Florestas boreais/Taiga
Pradarias, savanas e cerrados tropicais e subtropicais
Pradarias, savanas e cerrados temperados
Pântanos, pradarias e savanas aluviais
Pradarias e cerrados tropicais montanos
Tundra
Florestas, matas e vegetação rasteira do Mediterrâneo
Desertos e cerrados xéricos
Mangues
Mares e Oceanos
Água doce
Fronteiras nacionais

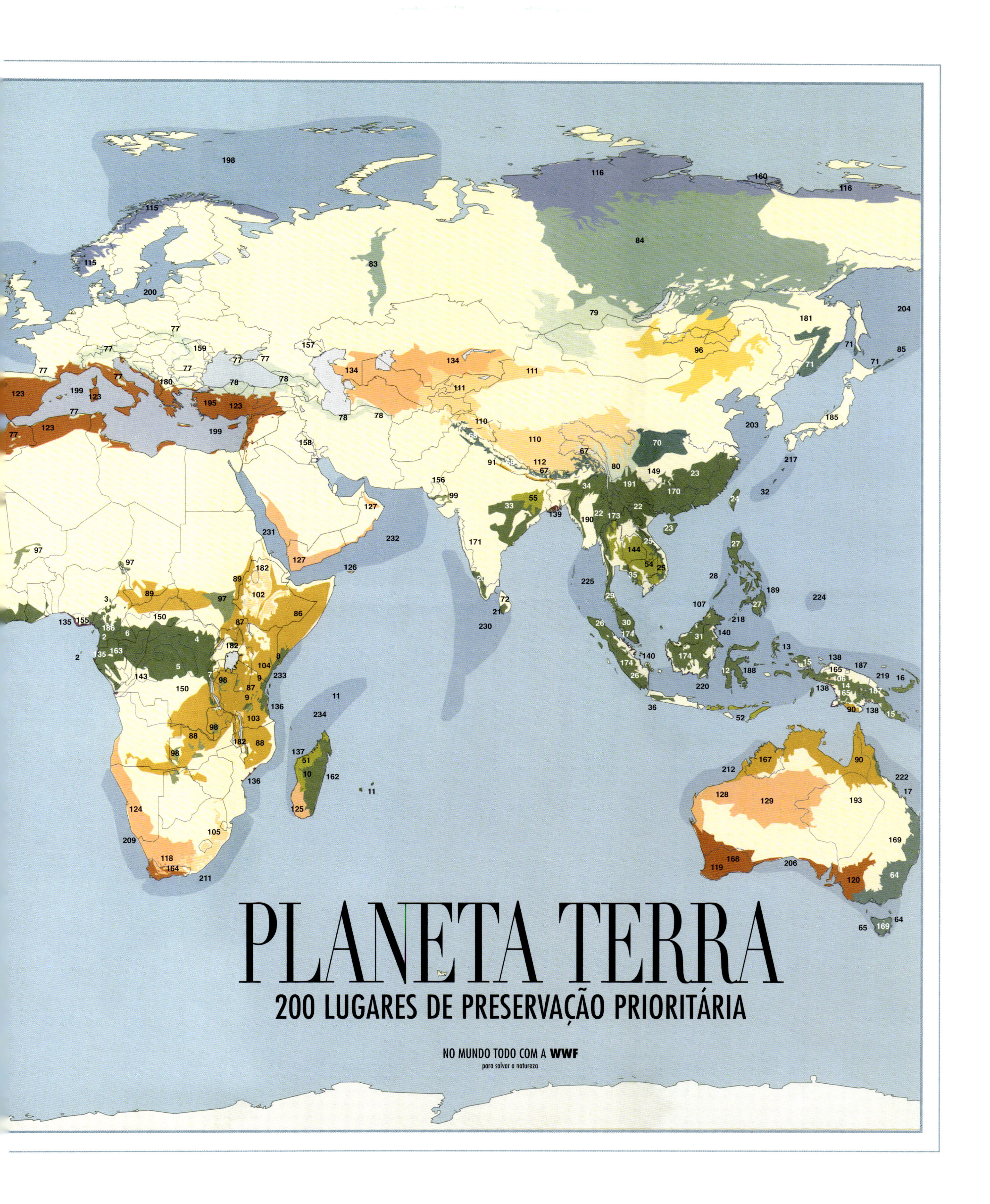

PLANETA TERRA
200 LUGARES DE PRESERVAÇÃO PRIORITÁRIA
NO MUNDO TODO COM A WWF
para salvar a natureza

LISTA DE ECORREGIÕES

ECORREGIÕES TERRESTRES

FLORESTAS TROPICAIS E SUBTROPICAIS ÚMIDAS LATIFOLIADAS

REGIÃO AFROTROPICAL

1 Florestas úmidas da Guiné: Benin, Costa do Marfim, Gana, Guiné, Libéria, Serra Leoa, Togo.
2 Florestas costeiras do Congo: Angola, Camarões, República Democrática do Congo, Guiné Equatorial, Gabão, Nigéria, São Tomé & Príncipe, República do Congo.
3 Florestas de montanha de Camarões: Camarões, Guiné Equatorial, Nigéria.
4 Florestas úmidas do nordeste da Bacia do Congo: República Central da África, República Democrática do Congo.
5 Florestas úmidas da região central da Bacia do Congo: República Democrática do Congo.
6 Florestas úmidas do oeste da Bacia do Congo: Camarões, República Central da África, República Democrática do Congo, Gabão, República do Congo.
7 Florestas montanas do Rift Albertino: Burundi, República Democrática do Congo, Ruanda, Tanzânia, Uganda.
8 Florestas costeiras da África Oriental: Quênia, Somália, Tanzânia.
9 Florestas montanas do Arco Leste: Quênia, Tanzânia.
10 Florestas e cerrados de Madagascar: Madagascar.
11 Florestas úmidas de Seychelles e arquipélago das Mascarenhas: Ilhas Maurício, Reunião (França), Seychelles.

AUSTRALÁSIA

12 Florestas úmidas de Sulawesi: Indonésia.
13 Florestas úmidas das Moluccas: Indonésia.
14 Florestas de planície do sul de Nova Guiné: Indonésia, Papua Nova Guiné.
15 Florestas montanas da Nova Guiné: Indonésia, Papua Nova Guiné.
16 Florestas úmidas da Ilhas Salomão, Vanuatu, Bismarck: Papua Nova Guiné, Ilhas Salomão, Vanuatu.
17 Florestas tropicais de Queensland: Austrália.
18 Florestas úmidas da Nova Caledônia: Nova Caledônia (França).
19 Florestas da Ilhas de Lord Howe e Norfolk: Austrália.

INDO-MALÁSIA

20 Florestas úmidas do Sudoeste de Ghats: Índia.
21 Florestas úmidas do Sri Lanka: Sri Lanka.
22 Florestas úmidas subtropicais do norte da Indochina: China, Laos, Mianmar, Tailândia, Vietnã.
23 Florestas úmidas do sudeste da China-Hainan: China, Vietnã.
24 Florestas montanas de Taiwan: China.
25 Florestas úmidas da Cordilheira de Annamite: Cambodja, Laos, Vietnã.
26 Florestas montanas e de planície das Ilhas de Sumatra: Indonésia.
27 Florestas úmidas das Filipinas: Filipinas.
28 Florestas úmidas de Palawan: Filipinas.
29 Florestas úmidas de Kayah-Karen/Tenasserim: Malásia, Mianmar, Tailândia.
30 Florestas de planície e montanha da Malásia Peninsular: Indonésia, Malásia, Cingapura, Tailândia.
31 Florestas montanas e de planície de Bornéu: Brunei, Indonésia, Malásia.
32 Florestas do Arquipélago de Nansei Shoto: Japão.
33 Florestas úmidas de platô no leste de Deccan: Índia.
34 Florestas úmidas dos montes de Naga-Manipuri-Chin: Bangladesh, Índia, Myanmar.
35 Florestas úmidas das Montanhas Cardamomi: Cambodja, Tailândia.
36 Florestas de montanha a oeste de Java: Indonésia.

REGIÃO NEOTROPICAL

37 Florestas úmidas das Grandes Antilhas: Cuba, República Dominicana, Haiti, Jamaica, Porto Rico (Estados Unidos).
38 Florestas do Pacífico da Cordilheira de Talamanca e do istmo do Panamá: Costa Rica, Panamá.
39 Florestas úmidas de Chocó-Darién: Colômbia, Equador, Panamá.
40 Florestas montanas do norte dos Andes: Colômbia, Equador, Venezuela, Peru.
41 Florestas montanas da costa da Venezuela: Venezuela.
42 Florestas úmidas da Guiana: Brasil, Guiana Francesa (França), Guiana, Suriname, Venezuela.
43 Florestas úmidas de Napo: Colômbia, Equador, Peru.
44 Florestas úmidas do Rio Negro-Juruá: Brasil, Colômbia, Peru, Venezuela.
45 Florestas das montanhas da Guiana: Brasil, Colômbia, Guiana, Suriname, Venezuela.
46 Yungas da região central dos Andes: Argentina, Bolívia, Peru.
47 Florestas úmidas do sudoeste da Amazônia: Bolívia, Brasil, Peru.
48 Florestas atlânticas: Argentina, Brasil, Paraguai.

OCEANIA

49 Florestas das ilhas do sul do Pacífico: Samoa Americana (Estados Unidos), Ilhas Cook (Nova Zelândia), Fiji, Polinésia Francesa (França), Ilhas Niue (Nova Zelândia), Samoa, Tonga, Wallis e Futuna (França).
50 Florestas úmidas do Havaí: Havaí (Estados Unidos).

FLORESTAS TROPICAIS E SUBTROPICAIS SECAS LATIFOLIADAS

REGIÃO AFROTROPICAL

51 Florestas secas de Madagascar: Madagascar.

AUSTRALÁSIA

52 Florestas secas de Nusu Tenggara: Indonésia.
53 Florestas secas da Nova Caledônia: Nova Caledônia (França).

INDO-MALÁSIA

54 Florestas secas da Indochina: Cambodja, Laos, Tailândia, Vietnã.
55 Florestas secas de Chhota-Nagpur: Índia.

REGIÃO NEOTROPICAL

56 Florestas secas do México: Guatemala, México.
57 Florestas secas dos vales Tumbesiano-Andino: Colômbia, Equador, Peru.
58 Florestas secas de Chiquitano: Bolívia, Brasil.
59 Florestas secas do Atlântico: Brasil.

OCEANIA

60 Florestas secas do Havaí: Havaí (Estados Unidos).

FLORESTAS TROPICAIS E SUBTROPICAIS DE CONÍFERAS

REGIÃO NEÁRTICA

61 Florestas de pinheiro e carvalho de Sierra Madre Ocidental e Oriental: México, Estados Unidos.

REGIÃO NEOTROPICAL

62 Florestas de pinho da Grandes Antilhas: Cuba, República Dominicana, Haiti.
63 Florestas de pinheiro e carvalho da Mesoamérica: El Salvador, Guatemala, Honduras, México, Nicarágua.

FLORESTAS TEMPERADAS LATIFOLIADAS E MISTAS

AUSTRALÁSIA

64 Florestas temperadas da Austrália Oriental: Austrália.
65 Florestas tropicais temperadas da Tasmânia: Austrália.
66 Florestas temperadas da Nova Zelândia: Nova Zelândia.

INDO-MALÁSIA

67 Florestas latifoliadas e de coníferas do Himalaia: Butão, China, Índia, Mianmar, Nepal.
68 Florestas temperadas do Himalaia Ocidental: Afeganistão, Índia, Nepal, Paquistão.

REGIÃO NEÁRTICA

69 Florestas dos Montes Apalaches e florestas mistas mesofíticas: Estados Unidos.

REGIÃO PALEÁRTICA

70 Florestas temperadas do sudeste da China: China.
71 Florestas temperadas do extremo oriente da Rússia: Rússia.

FLORESTAS TEMPERADAS DE CONÍFERAS

REGIÃO NEÁRTICA

72 Florestas tropicais temperadas do Pacífico: Canadá, Estados Unidos.
73 Florestas de coníferas de Klamath-Siskiyou: Estados Unidos.
74 Florestas de coníferas de Serra Nevada: Estados Unidos.
75 Florestas latifoliadas e de coníferas do sudeste americano: Estados Unidos.

REGIÃO NEOTROPICAL

76 Florestas tropicais temperadas das Ilhas Valdívias/Juan Fernandez: Argentina, Chile.

REGIÃO PALEÁRTICA

77 Florestas montanas mistas da Europa-Mediterrâneo: Albânia, Argélia, Andorra, Áustria, Bósnia e Herzegovina, Bulgária, Croácia, República Tcheca, França, Alemanha, Grécia, Itália, Liechtenstein, Macedônia, Marrocos, Polônia, Romênia, Rússia, Eslováquia, Eslovênia.
78 Florestas temperadas do Cáucaso-Anatólia-Hyrcanian: Armênia, Azerbaijão, Bulgária, Geórgia, Irã, Rússia, Turquia, Turcomenistão.
79 Florestas montanas de Altai-Sayan: China, Cazaquistão, Mongólia, Rússia.
80 Florestas de coníferas de Hengduan Shan: China.

FLORESTAS BOREAIS/TAIGA

REGIÃO NEÁRTICA

81 Florestas boreais de Muskwa/Lago do Escravo: Canadá.
82 Florestas boreais canadenses: Canadá.

REGIÃO PALEÁRTICA

83 Taiga dos Montes Urais: Rússia.
84 Taiga da Sibéria Oriental: Rússia.
85 Taiga e pradarias de Kamchatka: Rússia.

PRADARIAS, SAVANAS E CERRADOS TROPICAIS E SUBTROPICAIS

REGIÃO AFROTROPICAL

86 Savanas de Acácia no Chifre da África: Eritréia, Etiópia, Quênia, Somália, Sudão.
87 Savanas de Acácia na África Oriental: Etiópia, Quênia, Sudão, Tanzânia, Uganda.
88 Matas de Miombo Central e Oriental: Angola, Botswana, Burundi, República Democrática do Congo, Malaui, Moçambique, Namíbia, Tanzânia, Zâmbia, Zimbábue.
89 Savanas do Sudão: Camarões, República Central da África, Chade, Nigéria, República Democrática do Congo, Eritréia, Etiópia, Quênia, Sudão, Uganda.

AUSTRALÁSIA

90 Savana do norte da Austrália, de Trans-Fly: Austrália, Indonésia, Papua Nova Guiné.

INDO-MALÁSIA

91 Savanas e Pradarias de Terai-Duar: Bangladesh, Butão, Índia, Nepal.

REGIÃO NEOTROPICAL

92 Savanas de Llanos: Colômbia, Venezuela.
93 Cerrados e savanas: Bolívia, Brasil, Paraguai.

PRADARIAS, SAVANAS E CERRADOS TEMPERADOS

REGIÃO NEÁRTICA

94 Pradaria do Norte: Canadá, Estados Unidos.

NEOTROPICAL

95 Estepe da Patagônia: Argentina, Chile.

REGIÃO PALEÁRTICA

96 Estepe de Daurian: China, Mongólia, Rússia.

PÂNTANOS, PRADARIAS E SAVANAS ALUVIAIS

REGIÃO AFROTROPICAL

97 Pradarias e savanas aluviais de Sudd-Sahelian: Camarões, Chade, Etiópia, Mali, Níger, Nigéria, Sudão, Uganda.
98 Savanas aluviais zambezianas: Angola, Botswana, República Democrática do Congo, Malaui, Moçambique, Namíbia, Tanzânia, Zâmbia.

INDO-MALÁSIA

99 Pradarias aluviais de Rann de Kutch: Índia, Paquistão.

REGIÃO NEOTROPICAL

100 Pradarias aluviais de Everglades: Estados Unidos.
101 Savanas aluviais do Pantanal: Bolívia, Brasil, Paraguai.

PRADARIAS E CERRADOS TROPICAIS MONTANOS

REGIÃO AFROTROPICAL

102 Montanhas da Etiópia: Eritréia, Etiópia, Sudão.
103 Matas montanas do sul do Rift: Malaui, Moçambique, Tanzânia, Zâmbia.
104 Regiões pantanosas da África Oriental: República Democrática do Congo, Quênia, Ruanda, Tanzânia, Uganda.
105 Cerrados e matas montanas de Drakensberg: Lesoto, África do Sul, Suazilândia.

AUSTRALÁSIA

106 Pradarias sub-alpinas da Cordilheira Central: Indonésia, Papua Nova Guiné.

INDO-MALÁSIA

107 Vegetação rasteira montana de Kinabalu: Malásia.

REGIÃO NEOTROPICAL

108 Paramo do norte dos Andes: Colômbia, Equador, Peru, Venezuela.
109 Puna seca da região central dos Andes: Argentina, Bolívia, Chile, Peru.

REGIÃO PALEÁRTICA

110 Estepe do platô tibetano: Afeganistão, China, Índia, Paquistão, Tajiquistão.
111 Estepe e matas montanas da Ásia Central: Afeganistão, China, Cazaquistão, Quirguistão, Tajiquistão, Turcomenistão, Uzbequistão.
112 Pradarias alpinas do Himalaia Oriental: Butão, China, Índia, Mianmar, Nepal.

TUNDRA

REGIÃO NEÁRTICA

113 Tundra costeira do norte do Alasca: Canadá, Estados Unidos.
114 Tundra ártica do Baixo Canadá: Canadá.

REGIÃO PALEÁRTICA

115 Tundra e taiga alpina fino-escandinava: Finlândia, Noruega, Rússia, Suécia.
116 Tundra costeira de Taimyr e da Sibéria: Rússia.
117 Tundra costeira de Chukote: Rússia.

FLORESTAS, MATAS E VEGETAÇÃO RASTEIRA DO MEDITERRÂNEO

Região Afrotropical

118 Fynbos: África do Sul.

Australásia

119 Florestas e vegetação rasteira do sudoeste da Austrália: Austrália.

120 Mallee e matas do sul da Austrália: Austrália.

Região Neártica

121 Chaparral e matas da Califórnia: México, Estados Unidos.

Região Neotropical

122 Matorral chileno: Chile.

Região Paleártica

123 Florestas, matas e vegetação rasteira do Mediterrâneo: Albânia, Argélia, Bósnia e Herzegovina, Bulgária, Ilhas Canárias (Espanha), Croácia, Chipre, Egito, França, Gibraltar (Reino Unido), Grécia, Iraque, Israel, Itália, Jordânia, Líbano, Líbia, Macedônia, Ilha da Madeira (Portugal), Malta, Mônaco, Marrocos, Portugal, San Marino, Eslovênia, Espanha, Síria, Tunísia, Turquia, Saara Ocidental (Marrocos), Iugoslávia.

DESERTOS E CERRADOS XÉRICOS

Região Afrotropical

124 Desertos da Namíbia--Karoo-Kaokeveld: Angola, Namíbia, África do Sul.

125 Mata espinhosa de Madagascar: Madagascar.

126 Deserto da Ilha de Socotra: Iêmen.

127 Matas e cerrados das montanhas árabes: Omã, Arábia Saudita, Emirados Árabes, Iêmen.

Australásia

128 Vegetação rasteira xérica de Carnavon: Austrália.

129 Grandes desertos de Sandy-Tanami: Austrália.

Região Neártica

130 Desertos de Sonoran-Baja: México, Estados Unidos.

131 Desertos de Chihuahuan--Tehuacán: México, Estados Unidos.

Região Neotropical

132 Vegetação rasteira das Ilhas Galápagos: Equador.

133 Desertos de Atacama--Sechura: Chile, Peru.

Região Paleártica

134 Desertos da região central da Ásia: Cazaquistão, Quirguistão, Uzbequistão, Turcomenistão.

MANGUES

Região Afrotropical

135 Mangues do golfo da Guiné: Angola, Camarões, República Democrática do Congo, Guiné Equatorial, Gabão, Gana, Nigéria.

136 Mangues da África Oriental: Quênia, Moçambique, Somália, Tanzânia.

137 Mangues de Madagascar: Madagascar.

Australásia

138 Mangues de Nova Guiné: Indonésia, Papua Nova Guiné.

Indo-Malásia

139 Mangues de Sundarbans: Bangladesh, Índia.

140 Mangues das Ilhas de Sonda: Brunei, Indonésia, Malásia.

Região Neotropical

141 Mangues da Guiana e da Amazônia: Brasil, Guiana Francesa (França), Suriname, Trinidad e Tobago, Venezuela.

142 Mangues da Baía do Panamá: Colômbia, Equador, Panamá, Peru.

ECORREGIÕES FLUVIAIS

GRANDES RIOS

Região Afrotropical

143 Rio Congo e florestas aluviais: Angola, República Democrática do Congo, República do Congo.

Indo-Malásia

144 Rio Mekong: Cambodja, China, Laos, Mianmar, Tailândia, Vietnã.

Região Neártica

145 Rio Colorado: México, Estados Unidos.

146 Baixo Rio Mississipi: Estados Unidos.

Região Neotropical

147 Rio Amazonas e florestas aluviais: Brasil, Colômbia, Peru.

148 Rio Orinoco e florestas aluviais: Brasil, Colômbia, Venezuela.

Região Paleártica

149 Rio e lago Yangtze: China.

NASCENTES DE GRANDES RIOS

Região Afrotropical

150 Rios e córregos da região de planaltos da Bacia do Congo: Angola, Camarões, República Central da África, República Democrática do Congo, Gabão, República do Congo, Sudão.

Região Neártica

151 Rios e córregos da região de planaltos do Mississipi: Estados Unidos.

Região Neotropical

152 Rios e córregos do Alto Amazonas: Bolívia, Brasil, Colômbia, Equador, Guiana Francesa (França), Guiana, Peru, Suriname, Venezuela.

153 Rios e córregos do Alto Paraná: Argentina, Brasil, Paraguai.

154 Rios e córregos do Programa Brasileiro de Proteção do Amazonas: Bolívia, Brasil, Paraguai.

DELTAS DE GRANDES RIOS

Região Afrotropical

155 Delta do Rio Níger: Nigéria.

Indo-Malásia

156 Delta do Rio Indo: Índia, Paquistão.

Região Paleártica

157 Delta do Rio Volga: Cazaquistão, Rússia.

158 Delta e pântanos da Mesopotâmia: Irã, Iraque, Kuwait

159 Delta do Rio Danúbio: Bulgária, Moldávia, Romênia, Ucrânia, Iugoslávia.

160 Delta do Rio Lena: Rússia.

PEQUENOS RIOS

Região Afrotropical

161 Rios e córregos do Alto Guiné: Costa do Marfim, Guiné, Libéria, Serra Leoa.

162 Rios de Madagascar: Madagascar.

163 Rios e córregos do golfo da Guiné: Angola, Camarões, República Democrática do Congo, Guiné Equatorial, Gabão, Nigéria, República do Congo.

164 Rios e córregos da região do Cabo: África do Sul.

Australásia

165 Rios e córregos de Nova Guiné: Indonésia, Papua Nova Guiné.

166 Rios e córregos da Nova Caledônia: Nova Caledônia (França).

167 Rios e córregos de Kimberley: Austrália.

168 Rios e córregos do sudoeste da Austrália: Austrália.

169 Rios e córregos da Austrália Oriental: Austrália.

Indo-Malásia

170 Rios e córregos de Xi Jiang: China, Vietnã.

171 Rios e córregos do oeste de Ghats: Índia.

172 Rios e córregos do sudoeste de Sri Lanka: Sri Lanka.

173 Rio Salween: China, Mianmar, Tailândia.

174 Rios e pântanos das Ilhas de Sonda: Brunei, Malásia, Indonésia, Cingapura.

Região Neártica

175 Rios e córregos do sudeste americano: Estados Unidos.

176 Rios e córregos da costa noroeste do Pacífico: Estados Unidos.

177 Rios e córregos da costa do golfo do Alasca: Canadá, Estados Unidos.

Região Neotropical

178 Rios da Guiana: Brasil, Guiana Francesa (França), Guiana, Suriname, Venezuela.

179 Rios das Grandes Antilhas: Cuba, República Dominicana, Haiti, Porto Rico (Estados Unidos).

Região Paleártica

180 Rios e córregos da região dos Bálcãs: Albânia, Bósnia e Herzegovina, Bulgária, Croácia, Grécia, Macedônia, Turquia, Iugoslávia.

181 Rios e pantanais do extremo oriente da Rússia: China, Mongólia, Rússia.

GRANDES LAGOS

Região Afrotropical

182 Lagos do Vale do Rift: Burundi, República Democrática do Congo, Etiópia, Quênia, Malaui, Moçambique, Ruanda, Tanzânia, Uganda, Zâmbia.

Neotropical

183 Lagos dos Altos Andes: Argentina, Bolívia, Chile, Peru.

Região Paleártica

184 Lago Baikal: Rússia.

185 Lago Biwa: Japão.

PEQUENOS LAGOS

Região Afrotropical

186 Lagos de crateras de Camarões: Camarões.

Australásia

187 Lagos Kutubu e Sentani: Indonésia, Papua Nova Guiné.

188 Lagos da região central de Sulawesi: Indonésia.

Indo-Malásia

189 Rios das Filipinas: Filipinas.

190 Lago Inle: Mianmar.

191 Lagos e córregos de Yunnan: China.

Região Neotropical

192 Lagos das montanhas mexicanas: México.

BACIAS XÉRICAS

Australásia

193 Rios da região central da Austrália: Austrália.

Região Neártica

194 Rios de Chihuahua: México, Estados Unidos.

Região Paleártica

195 Rios da Anatólia: Síria, Turquia.

ECORREGIÕES MARINHAS

MARES DAS REGIÕES POLARES

Região Antártica

196 Península Antártica & Mar de Weddell.

Região Ártica

197 Mar de Bering: Canadá, Rússia, Estados Unidos.

198 Mar de Barents e Kara: Noruega, Rússia.

RECIFES E MARES DE REGIÃO TEMPERADA

Região do Mediterrâneo

199 Mar Mediterrâneo: Albânia, Argélia, Bósnia e Herzegovina, Croácia, Chipre, Egito, França, Gibraltar (Reino Unido), Grécia, Israel, Itália, Líbano, Líbia, Malta, Mônaco, Marrocos, Eslovênia, Espanha, Síria, Tunísia, Turquia, Iugoslávia

Região Temperada no Norte do Atlântico

200 Habitat marinho no recife da região nordeste do Atlântico: Bélgica, Dinamarca, Estônia, Finlândia, França, Alemanha, Irlanda, Letônia, Lituânia, Holanda, Noruega, Polônia, Rússia, Suécia, Reino Unido.

201 Grandes Recifes: Canadá, St. Pierre & Miquelon (França), Estados Unidos.

202 Baía de Chesapeake: Estados Unidos.

Região Temperada no norte do Indo-Pacífico

203 Mar Amarelo: China, Coréia do Norte, Coréia do Sul.

204 Mar de Okhotsk: Japão, Rússia.

Região Sul do Oceano

205 Atlântico sudoeste da Patagônia: Argentina, Brasil, Chile, Uruguai.

206 Habitat marinho no sul da Austrália: Austrália.

207 Habitat marinho na Nova Zelândia: Nova Zelândia.

AFLORAMENTO EM REGIÕES TEMPERADAS

Região Temperada Norte do Indo-Pacífico

208 Corrente da Califórnia: Canadá, México, Estados Unidos.

Região Temperada Sul do Atlântico

209 Corrente de Benguela: Namíbia, África do Sul.

Região Temperada Sul do Indo-Pacífico

210 Corrente das Agulhas: Moçambique, África do Sul.

211 Corrente de Humboldt: Chile, Equador, Peru.

AFLORAMENTOS EM REGIÕES TROPICAIS

Região Central do Indo--Pacífico

212 Habitat marinho da Austrália Ocidental: Austrália.

Indo-Pacífico Oriental

213 Baía do Panamá: Colômbia, Equador, Panamá.

214 Golfo da Califórnia: México.

215 Habitat marinho de Galápagos: Equador.

Atlântico Ocidental

216 Corrente das Canárias: Ilhas Canárias (Espanha), Gâmbia, Guiné-Bissau, Mauritânia, Marrocos, Senegal, Saara Ocidental (Marrocos).

CORAIS EM REGIÕES TROPICAIS

Região Central do Indo--Pacífico

217 Nansei Shoto: Japão.

218 Mares de Sulu e de Sulawesi: Indonésia, Malásia, Filipinas.

219 Mares de Bismarck e de Salomão: Indonésia, Papua Nova Guiné, Ilhas Salomão.

220 Mar de Banda e de Flores: Indonésia.

221 Barreira de corais da Nova Caledônia: Nova Caledônia (França).

222 Grande Barreira de Corais: Austrália.

223 Habitat marinho das Ilhas de Lord Howe e Norfolk: Austrália.

224 Habitat marinho de Palau: Palau.

225 Mar de Andaman: Ilhas de Andaman e Nicobar (Índia), Indonésia, Malásia, Mianmar, Tailândia.

Indo-Pacífico Oriental

226 Habitat marinho do Tahiti: Ilhas Cook (Nova Zelândia), Polinésia Francesa (França).

227 Habitat marinho do Havaí: Havaí (Estados Unidos).

228 Ilha de Páscoa: Chile.

229 Barreira de corais de Fiji: Fiji.

Indo-Pacífico Ocidental

230 Atóis das Ilhas Maldivas, Chagos, Laquedivas: Arquipélago de Chagos (Reino Unido), Índia, Maldivas, Sri Lanka.

231 Mar Vermelho: Djibouti, Egito, Eritréia, Israel, Jordânia, Arábia Saudita, Sudão, Iêmen.

232 Mar Árabe: Djibouti, Irã, Omã, Paquistão, Catar, Arábia Saudita, Somália, Emirados Árabes, Iêmen.

233 Habitat marinho da África Oriental: Quênia, Moçambique, Somália, Tanzânia.

Região Tropical do Atlântico Ocidental

235 Recife Mesoamericano: Belize, Guatemala, Honduras, México.

236 Habitat marinho nas Grandes Antilhas: Bahamas, Ilhas Cayman (Reino Unido), Cuba, República Dominicana, Haiti, Jamaica, Porto Rico (Estados Unidos), Ilhas Turks e Caicos (Reino Unido), Estados Unidos.

237 Sul do Mar do Caribe: Aruba (Holanda), Columbia, Antilhas Holandesas (Holanda), Panamá, Trinidad e Tobago, Venezuela.

238 Habitat marinho do Recife no Nordeste do Brasil: Brasil

8-9 Os tigres são animais solitários que geralmente não gostam de compartilhar seu território de caça com outros animais da mesma espécie.

20-21 A plumagem densa e a camada espessa de gordura subcutânea do pingüim-imperador fornece excelente proteção contra o frio, permitindo a sobrevivência nas temperaturas muito baixas da Antártica.

A TUNDRA E A TAIGA ALPINA FINO-ESCANDINAVAS

"Taavetti Rytkönen calculou o tamanho da paisagem.
Com pesar, comentou que se fosse mais jovem,
com prazer teria traçado o território no mapa:
a vista incluía uma região com montanhas,
lagos marcados pelas baías, mata espessa e vilarejos rústicos.
Tinha tudo para ser um mapa excelente."
Arto Paasilinna

Esta ecorregião cobre uma área de mais de 303.000 quilômetros quadrados, distribuída pelos territórios da Finlândia, Noruega, Suécia e Rússia. As Montanhas da Escandinávia formam uma cordilheira importante, que cruza a península inteira, com elevação máxima um pouco acima de 2438 metros. Na parte oeste, as montanhas se estendem até o Mar do Norte e Mar da Noruega, formando os característicos fiordes profundos, enquanto que algumas das geleiras chegam ao mar, onde apresentam quedas de gelo espetaculares.

A ecorregião da tundra e taiga alpina fino-escandinavas possui flora e fauna de grande riqueza nas partes montanhosas do Ártico. Muitas das espécies são exclusivas e podem ser encontradas somente em certas áreas. Isto é, em parte, explicado pela presença da parte final da Corrente do Golfo e do Oceano Atlântico em geral, que torna o clima frio mais moderado, embora seja muito úmido, com tempestades de neve no inverno e chuvas fortes no verão. O alto índice de precipitação mantém uma grande rede de lagos, reservatórios e rios. O fenômeno chamado de *permafrost*, que deixa o subsolo permanentemente congelado o ano inteiro, provoca estagnação de água e enchente em várias florestas quando o gelo derrete.

Esta ecorregião é caracterizada por amplas áreas de mata de conífera, com abetos e pinheiros (*Abies spp. e Pinus spp.*). Aproximadamente um terço da área é ocupado por tundra alpina, com solo rochoso e vegetação herbácea esparsa, e um terço apresenta cerrados de vegetação baixa com bétula-baixa *(Betula nana)*, salgueiro *(Salix spp.)* e inúmeros reservatórios e lagos.

Muitas espécies animais habitam estas terras frias o ano inteiro, como a raposa-ártica *(Alopex lagopus)*, que assume duas cores diferentes dependendo da estação – pode ficar totalmente branca e azul. Outras espécies incluem o carcaju *(Gulo gulo)*, um animal grande da família da doninha; o urso-marrom *(Ursus arctos)*; o lobo *(Canis lupus)* e o rangífer *(Rangifer tarandus)*, também comum na América do Norte, onde é conhecido como caribu. Na Escandinávia, quase toda a população de rangífer é domesticada.

O Parque Nacional de Dovrefjell-Sunndalsfjella, no sul da Noruega, abriga cerca de 150 bois-almiscarados *(Ovibos moschatus)*, que foram trazidos da Groenlândia depois de se tornarem extintos na região na década de 1950.

Existem também algumas aves que não migram e permanecem ali o ano todo, suportando bravamente os invernos rigorosos, como o tetraz, típico das florestas e brejos da Escandinávia. Incluem ainda o tetraz-grande-da-serra *(Tetrao urogallus)*, o tetraz-preto *(Tetrao tetrix)* e o tetraz-castanho (*Bonasa bonasia*), além da ptármiga *(Lagopus lagopus)*. As aves de rapina, tanto diurnas quanto noturnas, ocupam todas as áreas deste extraordinário ecossistema, como a águia-real *(Aquila chrysaetos)*, a águia-do-mar-de-rabo-branco *(Haliaeetus albicilla)*, a águia-pescadora *(Pandion haliaetus)*, o falcão-de-perna-áspera *(Buteo lagopus)*, o môcho (*Bubo bubo*), a coruja-de-orelha-pequena *(Asio flammeus)*, a coruja-diurna-do-norte *(Surnia ulula)*, a coruja-anã-da-Eurásia *(Glaucidium passerinum)* e a coruja-boreal *(Aegolius funereus)*.

Durante o curto verão ártico, inúmeros insetos completam seus ciclos de vida e as plantas produzem flores, deixando os campos alegres com cores variadas. Aves migratórias da África e do sul da Europa chegam em bandos à região para aproveitar esta explosão de vida. São passeriformes insetívoros e aves aquáticas, como gansos, patos e aves pernaltas. As florestas, que durante todo o inverno permanecem silenciosas e cobertas por um manto denso de neve, ficam exuberantes e cheias de cantos melodiosos das aves no verão. O tentilhão-comum *(Fringilla montifringilla)* canta do alto das árvores e o narceja-comum *(Gallinago gallinago)* macho seduz as fêmeas por meio de uma técnica distinta chamada de "toque de tambor", som produzido pelo ar que passa pelas penas externas de seu rabo. Pavões-do-mar *(Philomachus pugnax)* se reúnem em pequenos grupos, chamados "leks", e se exibem com intenção de acasalamento, enquanto falaropos-de-pescoço-vermelho *(Phalaropus lobatus)* dançam em pequenas poças de água.

Porém, para algumas espécies, a temporada de alimentação começa antes da neve derreter, como é o caso dos pica-paus, que fazem os furos dos seus ninhos no início do ano, enchendo as florestas com um ruído incessante de batida em madeira. Os principais problemas desta região são provocados pela mudança no clima, que derrete o *permafrost*, causando erosão do solo, e a atividade humana, que reduz o ritmo de crescimento da nova vegetação. De qualquer modo, ainda é possível encontrar partículas radioativas de Chernobyl em liquens e fungos, que continuam prejudicando a natureza e as pessoas, enquanto que o desmatamento e pastagens excessivas da população de rangífer domesticada provocam o enfraquecimento do solo arável.

Esta região abriga ainda a terra dos Sami, considerados o povo mais antigo do norte da Europa. Um mapa de estrelas, que também sugere os nomes delas e das constelações, foi descoberto esculpido em pedra. Calcula-se que foi feito há 4000, 4100 anos, não muito tempo após a primeira definição histórica das constelações, entre 4600 e 4700 anos atrás.

A WWF possui escritórios nacionais nos três países da Escandinávia e a WWF Internacional implementou um programa para a região ártica específico. Hoje, vários projetos estão em andamento; muitos deles são o resultado de colaborações internacionais, como o projeto de conservação da foca-cinza *(Halichoerus grypus)*, executado em conjunto pela Finlândia e pela Suécia. Um outro projeto importante tem como objetivo estudar um dos gansos mais raros da região paleártica, o ganso-menor-de-testa-branca *(Anser erythropus)*, utilizando coleiras com sistema de rádio. O Programa da Região Ártica também permite que a WWF discuta os problemas referentes a mudanças no clima, efeitos de substâncias tóxicas e atividades excessivas de pesca, que afligem a ecorregião do habitat marinho do Mar do Norte e sua fauna, em particular os milhões de aves marinhas que vivem na costa escandinava, como cormorão *(Phalacrocorax spp.)*, alca, papagaio-do-mar *(Fratercula artica)*, êider *(Somateria spp)*, pato-mergulhador *(Aythya spp.)* e gaivota-rissa *(Larus tridactylus)*.

24 em cima, à esquerda, à direita e embaixo: Ivalo é um vilarejo na Lapônia finlandesa com apenas 4000 habitantes, cercada por florestas e lagos. O maior deles é o Lago Inari, que ocupa mais de 1.036.000 quilômetros quadrados, pontilhado por mais de 3000 ilhas, e que fica totalmente congelado entre novembro e junho.

24 embaixo: O boi-almiscarado é um animal grande da família *Bovidae*, que foi levado novamente para a Escandinávia na década de 1950, após ter sido declarado extinto na região. Agora, o animal vive no Parque Nacional de Dovrefjell-Sunndalsfjella, na Noruega.

24 centro, à direita: A taiga é um típico habitat de floresta da Escandinávia. A mata contínua também cobre as rampas das montanhas e margens com fiordes.

24-25 A Lapônia é caracterizada pelo *permafrost*, um fenômeno que deixa o subsolo permanentemente congelado o ano inteiro. Quando o gelo derrete no início do verão, provoca enchentes e escoamentos sobre a camada impermeável do solo.

PLANETA TERRA

TUNDRA E TAIGA

26 no alto A cachoeira Tannforsen é uma da mais maiores quedas d'água da Suécia. A água cai das geleiras diretamente no mar, de uma altura acima de 40m e a uma velocidade maior que 400 metros cúbicos por segundo.

26 embaixo Na primavera, as florestas de coníferas e faias da região sul da Lapônia ficam cobertas com folhagem em verde radiante, que faz um belo contraste com o vermelho vivo da vegetação rasteira.

27 O urso marrom está em toda a Escandinávia, particularmente na Finlândia, onde também são encontrados outros ursos da Rússia. É comum ver marcas deixadas por esta espécie nas cascas das árvores durante uma caminhada na floresta.

28-29 No inverno, tudo fica coberto por um manto denso de neve. As árvores surgem como formas brancas deslumbrantes que saem do chão, como nuvens pairando sobre a terra.

AS CORDILHEIRAS EUROPÉIAS

"As montanhas são mestres mudos
que criam discípulos silenciosos."
Johann Wolfgang von Goethe

Três grandes cordilheiras cruzam a Europa, mesmo com interrupções, de leste a oeste: os Cárpatos, da Romênia até a fronteira da Eslováquia e Polônia; os Pirineus, da Baía de Biscaia até o Golfo do Leão e constitui a fronteira entre França e Espanha; e os Alpes, uma barreira natural na fronteira norte da Itália, com aproximadamente 1200 quilômetros da Eslovênia e Áustria até a França e Ligúria.

Como todos os lugares de grande presença da natureza, que tomam conta da imaginação coletiva, as montanhas são um universo um tanto contraditório e desconhecido, exceto para os alpinistas e geólogos. Por outro lado, provocam diferentes emoções. Sua natureza irregular e inóspita é intimidante, ao passo que a força de sua altura magistral impõe um senso de desafio. Sua isolação, silêncio e ar puro intensificam emoções. Por outro lado, paisagens dignas de cartão-postal: picos ensolarados com neve no topo, vacas tranqüilas pontilham o campo pitoresco, retratos de uma vida simples bem distante da realidade frenética dos centros urbanos. Com isso, as montanhas geralmente se tornam a projeção tangível do paraíso humano: um lugar puro e calmo que serve como refúgio.

Porém, essas abordagens emocionais e simbólicas são enganosas, pois simplificam demais o ambiente na montanha, que é, na verdade, um dos ecossistemas mais complexos. Quem poderia imaginar, por exemplo, que os montes que conferem à paisagem aquele visual parecido com o de "corcunda" são na verdade blocos carregados e abandonados há milhares de anos por uma geleira (chamados de "morenas"), e que agora, talvez, recuaram para uma altitude maior? E quem poderia imaginar que esta paisagem é, na verdade, um tesouro com informações sobre o passado? Em uma caminhada pela região é possível encontrar traços de períodos glaciais anteriores, em suas formas mais variadas: recessos circulares entre montanhas, vales suspensos, morenas, lagos, e, em altitudes mais baixas, áreas fechadas que a vegetação criou ao redor das estruturas glaciais para se protegerem da erosão e preservar esta forma de traços antigos que não teria sobrevivido de outra forma, permitindo a reconstrução de paisagens originais.

As montanhas constituem um ecossistema precioso, com inúmeras características distintas, onde podemos encontrar ambientes muito diferentes em uma curta distância, devido às variações de altitude.

A região ao pé da serra é caracterizada por florestas latifoliadas (de folhas largas) que gradualmente cedem espaço a matas mais abertas, ao passo que em mais de 1800, 2000 metros – dependendo das condições e da exposição das rampas –, as matas dão lugar a uma faixa de arbustos contorcidos e campos de vegetação alta. Mais alta ainda é a região com pedras ao pé dos penhascos, onde a vegetação original está bem adaptada às condições climáticas específicas. A parte final desta região fica permanentemente coberta com neve e gelo.

Para entender a incrível diversidade da flora e fauna, basta imaginar que seria necessária uma área plana de no mínimo 4025 quilômetros para abrigar uma variedade natural similar.

Obviamente, esta variedade de vegetação é acompanhada por uma série igualmente rica de espécies animais. Os Alpes, os Pirineus e os Cárpatos constituem "ilhas" autênticas separadas por planícies e morros e, acima de tudo, por infra-estruturas do homem. Estas condições têm favorecido a evolução de espécies ou formas endêmicas encontradas em somente uma das três regiões montanhosas. Os Pirineus abrigam a camurça, um tipo de cabra diferente dos outros tipos encontrados nos Alpes e nos Cárpatos. As espécies de grandes aves de rapina são muito similares, apesar de a humanidade ter provocado a extinção de algumas delas em certas áreas. Porém, existem alguns relatos de que voltaram. As espécies da região incluem os grandes abutres, como o abutre-barbado *(Gypaetus barbatus)* e o urubu-grifo *(Gyps fulvus)* nos Alpes, e a águia-real *(Aquila chrysaetos)* e a águia-imperial-oriental *(Aquila heliaca)* nos Cárpatos.

As cordilheiras européias também são habitadas por um grupo de aves típicas das grandes florestas do norte: o tetraz. Três espécies desta família podem ser encontradas nestas regiões montanhosas, que são o galo capercaillie *(Tetrao urogallus)*, o tetraz-preto *(Tetrao tetrix)* e o tetraz-marrom *(Bonasa bonasia)*, além do ptármiga-das-pedras (*Lagopus mutus*) nos topos mais altos. Os pica-paus são uma outra família de pássaros presente nas florestas destas três áreas montanhosas. Suas espécies incluem o pica-pau-preto *(Dryocopus martius)* e o pica-pau-de-três-dedos-da-Eurásia *(Picoides tridactylus)*.

Os três maiores predadores europeus um dia viveram espalhados por todo o continente, mas hoje as maiores populações de urso-marrom *(Ursus arctos)*, lobo *(Canis lupus)* e lince *(Lynx lynx)* habitam a parte leste, nos Cárpatos. Porém, estas três espécies estão, hoje, voltando tanto para os Alpes quanto para os Pirineus, seja naturalmente ou por meio de programas de reintrodução.

A flora dos Alpes, Cárpatos e Pirineus apresenta uma rica variedade de espécies e outras que são endêmicas da região. Os rododendros (ou azáleas), por exemplo, formam grupos característicos acima da altura das árvores, com duas espécies nos Alpes e uma nos Cárpatos. A flor branca do edelvais se tornou o símbolo dos Alpes, mas também pode ser vista nos Cárpatos e Pirineus. Outras espécies que contribuem para o colorido dos campos alpinos no final da primavera incluem as gencianas, os acônitos e as saxífragas.

Estas três regiões montanhosas são caracterizadas por vastas florestas, compostas principalmente por coníferas, abetos e pinheiros, embora as altitudes mais baixas abriguem também matas de árvores latifoliadas. Apresentam água em abundância, e suas nascentes, córregos e rios são também um recurso precioso para o homem.

Ainda que a influência da humanidade tenha se concentrado principalmente nas planícies ao longo dos

32 Um galo capercaillie macho abana as penas do rabo durante o cortejo. Esta ave é comum nas regiões de florestas alpinas.

33 Os lagos são uma das características marcantes dos Alpes, onde as geleiras provocaram erosão das rochas, deixando grandes vales. Depois que o gelo derreteu, estas áreas foram preenchidas com a água derretida, dando origem aos lagos.

séculos, as montanhas européias também foram atingidas até certo ponto. Enquanto antigamente as atividades tradicionais do homem eram ecologicamente corretas, hoje a exploração intensiva de florestas, a arregimentação dos cursos de água e o desenvolvimento do turismo representam graves ameaças a estes habitats. A idéia de montanhas como um refúgio se tornou obsoleta, pois a poluição – ambiental, "ideológica" e visual – está em todos os cantos. Nas últimas décadas, a complexidade natural das paisagens montanhosas tem sido desfigurada pela arquitetura enfadonha de estações de esqui, cujos inúmeros hotéis, piscinas, áreas de recreação, restaurantes e clubes noturnos estão transformando estes ecossistemas em pedaços de áreas urbanas. Estes lugares se apresentam como um alter ego da metrópole, enquanto permanecem selvagens em sua essência, um centro de energia pulsante para ser explorado, que fascina e atrai multidões de turistas todos os anos.

A WWF promove a conservação ecorregional tanto nos Alpes quanto nos Cárpatos, construindo um cenário futuro para a biodiversidade e envolvendo todos os países vizinhos. Pela primeira vez, um esforço em conjunto está sendo feito pela conservação da biodiversidade sem fronteiras nestas regiões. As principais diretrizes incluem a conservação de grandes predadores (urso, lobo e lince), a proteção de cursos de água e o controle de fatores de risco, incluindo o turismo no inverno.

PLANETA TERRA

AS CORDILHEIRAS EUROPÉIAS

34 à esquerda O Lago Carezza, na região ao pé da serra Latemar, em Dolomites, é um dos lagos alpinos mais pitorescos. Diz a lenda que este lugar foi enfeitiçado e, por isto, suas águas refletem todas as cores do arco-íris.

34 à direita No outono, quando as folhas ficam vermelhas e amarelas, a água da chuva diminui e seca completamente durante o inverno.

34-35 A Geleira de Aletsch tem 24 quilômetros de extensão, está localizada na região Jungfrau-Aletsch-Bietschhorn, na Suíça, e foi declarada Patrimônio Mundial da UNESCO.

35 embaixo O mouflon-europeu, espécie nativa da Córsega e da Sardenha, foi introduzido nos Alpes para fins de caça.

36-37 O Dente do Gigante é um dos picos mais imponentes dos Alpes Ocidentais, com altitude acima de 4000 metros. Faz parte do maciço do Mont Blanc e foi escalado pela primeira vez em julho de 1882.

37 no alto O Grupo de Brenta faz parte dos Alpes Rhaetian e tem o Vale do Sol ao norte. Faz parte das Dolomitas, cadeia montanhosa que recebeu este nome em homenagem ao geólogo francês Déodat de Dolomieu.

37 no centro, à esquerda A águia-real é um predador muito comum nos Alpes. Sua presa favorita é a marmota, embora também ataque espécies como a raposa e o tetraz-preto.

37 no centro, à direita A camurça também é um animal que anda pelos campos. No verão, pode ser vista nas regiões montanhosas, entre 1500 e 2500 metros de altitude. No inverno permanece nas áreas de mata de altitudes mais baixas.

37 embaixo No inverno, tudo fica coberto com um manto de neve e a vida parece adormecida. Os animais parecem ter desaparecido: alguns migram para outras regiões ou para altitudes mais baixas; outros hibernam, enquanto somente alguns continuam procurando alimento no clima rigoroso do inverno.

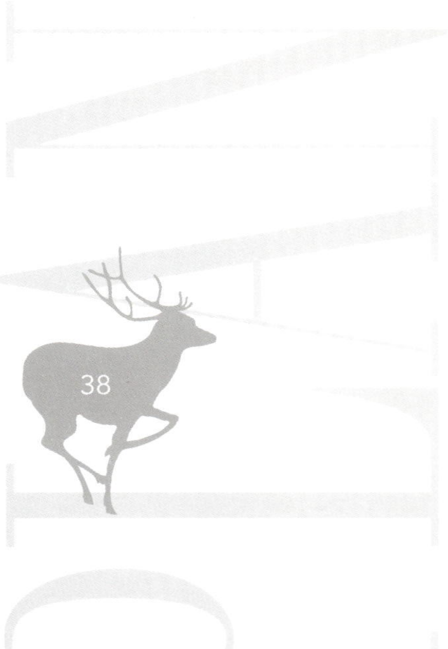

38-39 O Parque Nacional de Ordesa e Monte Perdido, na região dos Pirineus na Espanha, é uma das maiores e mais importantes unidades de conservação da serra que forma a fronteira entre França e Espanha e abriga abutres-barbados e abutres-grifos, além da camurça. A região é caracterizada por rochas imponentes de centenas de metros de altura, como a do Monte Arruebo.

38 embaixo Os chifres do ibex-espanhol são menos curvados do que os do ibex-alpino. Na primavera, os machos travam batalhas incríveis e o som de seus chifres batendo um no outro ecoa pelos vales.

39 O abutre-grifo ainda é bem comum nos Pirineus e está voltando aos poucos aos Alpes também, após uma série de programas de reintrodução. É comum ver disputas com outros predadores, como as raposas, por animais mortos.

40 em cima O lince, que foi caçado até quase ficar extinto, está retornando aos poucos às montanhas da Europa. Vários grupos são criados em cativeiro, como este do Parque Nacional da Floresta da Bavária.

40 embaixo O lobo ficou extinto nos Alpes, mas está agora lentamente retomando os territórios de onde foi tirado. Os lobos italianos estão espalhados em uma região que vai do norte dos Apeninos até os Alpes Marítimos, França e Suíça.

41 Existem poucos ursos marrons nos Pirineus e nos Alpes. Um projeto recente trouxe da Eslovênia vários deles para a região, e outros cruzam as fronteiras ocidentais dos Alpes naturalmente.

A BACIA DO MEDITERRÂNEO

"O único som era o murmúrio do mar,
sussurrando seu antigo refrão pelos despenhadeiros,
porque o mar também não tem lar,
e pode ser ouvido por qualquer um, em qualquer lugar do mundo..."
Giovanni Verga

O Mar Mediterrâneo é "cercado" por três continentes: Europa, ao norte; Ásia, ao leste; e África, ao sul. Sua área total ocupa mais de 2,6 milhões de quilômetros quadrados e apresenta profundidade média de aproximadamente 1372 metros. Porém, atinge profundidade máxima acima de 5120 metros no Cabo Matapan, na Bacia do Mar Jônio. A extensão total do litoral (excluindo as ilhas) é de 12.715 quilômetros, enquanto que a largura máxima (de Gibraltar até a costa do Líbano) é de aproximadamente 3620 quilômetros. A união ao Oceano Atlântico é feita por meio do Estreito de Gibraltar, que possui apenas 12,8 quilômetros de largura.

A viagem pelo Mediterrâneo é uma experiência extraordinária, de certa forma comparável a uma miniviagem ao redor do mundo. De fato, a Bacia do Mediterrâneo é o "berço da civilização" e um verdadeiro centro que atrai pessoas de várias nações, além de oferecer uma variedade incomparável de paisagens, culturas e tradições. Deixando de lado os aspectos mais ligados à sua grande biodiversidade, que vamos discutir depois, basta dizer que, se pudéssemos nos transformar em pequenos satélites humanos, a riqueza surpreendente desta ecorregião ficaria aparente de imediato. A costa do Mediterrâneo abriga relíquias históricas bem preservadas, incluindo os templos gregos na Grécia e na Sicília, as pirâmides do Egito e até mesmo vestígios de cidades inteiras, como Cartago e Pompéia, onde o visitante encontra sinais pré-históricos em Sardenha, o islamismo turco na antiga Iugoslávia e o mundo romano antigo no Líbano. O Mediterrâneo é caracterizado pelas redes de pesca de atum e antigos barcos de pesca, além da região campestre coberta por vinhas e bosques de oliveiras, mas também por paisagens aparentemente decadentes, como Veneza, ou os portos caóticos de Gênova, Nápoles e Marselha, a arquitetura moura de Granada, ou ainda os quilômetros de litoral quente de Magreb.

Atualmente, os países que fazem fronteira com o Mar Mediterrâneo abrigam entre 380 e 400 milhões de pessoas e constituem dois universos diferentes e contrastantes que coexistem na bacia, cada qual com sua história distinta. Na região noroeste, cinco nações (com população total de 165 milhões de habitantes) que pertencem à União Européia representam a parte rica, desenvolvida e ocidentalizada. Por outro lado, o padrão de vida de pelo menos 235 milhões de pessoas que vivem nas costas leste e sul do Mediterrâneo (com exceção de Israel) – incluindo os novos países dos Bálcãs, que estão lentamente se recuperando de recentes guerras étnicas – é aproximadamente quatro vezes mais baixo.

A densidade demográfica também varia imensamente na Bacia do Mediterrâneo – de 1080 habitantes por quilômetro quadrado em Malta (o país com a maior densidade demográfica do mundo, após Mônaco e Cingapura) a apenas 28 habitantes por quilômetro quadrado na Córsega. As tendências demográficas também representam duas situações completamente opostas: enquanto a população da região noroeste está se estabilizando, a população das outras regiões do Mediterrâneo está sempre aumentando. Esta última tendência também ocorre em outros países pobres e subdesenvolvidos que lutam constantemente contra os problemas associados aos altos índices de crescimento demográfico, em regiões que não conseguem manter tais índices tanto no aspecto social quanto econômico.

O Mediterrâneo é uma das mais importantes regiões do mundo em termos de biodiversidade. Embora represente somente 0,3% da água da Terra, abriga cerca de 6% das espécies marinhas, e este número aumenta para 18% no caso de certos grupos. Cerca de um quarto destas espécies são endêmicas, isto é, não são encontradas em outra parte do mundo. Este alto nível de endemismo, que é maior do que em qualquer outra região européia, ocorre por várias razões. Em primeiro lugar, o Mediterrâneo é uma bacia relativamente "fechada" e cercada. Segundo, a grande diferenciação local produz taxonomias endêmicas. Terceiro, a região está subdividida em vários distritos por meio de inúmeras ilhas, penínsulas e serras. O nosso conhecimento sobre a distribuição das espécies é relativamente bom, principalmente de plantas vasculares e vertebrados. Mesmo assim, as pesquisas no campo científico nunca param, trazendo outras espécies às listas nacionais. Isso ocorre particularmente com invertebrados e flora, mas às vezes também com espécies bem mais visíveis, como os vertebrados superiores. Em 1975, uma nova espécie de ave foi descoberta com base nos vestígios de florestas de abeto-argeliano *(Abies numidica)* na Argélia: o pica-pau-cinzento-argeliano *(Sitta ledanti)*, que habita apenas quatro regiões, com uma população total de apenas algumas centenas de aves. Mais recentemente, as novas tecnologias de teste de DNA possibilitaram a determinação da existência de novas espécies de vertebrados até mesmo na Itália, incluindo a lebre-apenina *(Lepus corsicanus)*, o morcego-de-orelha-longa de Sardenha *(Plecotus sardus)* e a tartaruga-de-lagoa da Sicília *(Emys trinacris)*.

O alto grau de endemismo também é comprovado pelo reconhecimento da Bacia do Mediterrâneo como uma das 24 principais regiões de biodiversidade do mundo. Vários aspectos explicam essa riqueza. Primeiro, a grande variedade de ambientes e climas da região possibilita que as espécies acostumadas com as regiões temperadas vivam ao lado de espécies acostumadas com climas subtropicais. Este contato de espécies começou com a reabertura do Estreito de Gibraltar, quando a sucessão de períodos glaciais e quentes provocou uma série de invasões de populações de regiões frias e subtropicais do Atlântico, que reuniu espécies típicas de águas mais temperadas. Além disso, houve uma invasão em massa de espécies do Mar Vermelho via Canal de Suez, que perdurou pelas décadas de 1970 e 1980. Por fim, o efeito estufa e o aumento conseqüente de temperatura contribuem para a emigração de espécies acostumadas com águas mais quentes.

45 As águas cristalinas de certas áreas do Mediterrâneo se igualam aos mares tropicais em termos de transparência. A costa leste de Sardenha, próxima a San Teodoro, possui areia branca e águas límpidas.

Calcula-se que o Mediterrâneo tenha pelo menos 8500 espécies, sem contar os milhares tipos de microorganismos. Há mais de 10.000 anos, esta comunidade vive em contato próximo com o homem, que já a modificou. De fato, as atividades do homem têm influenciado o desenvolvimento das paisagens e a biodiversidade da Bacia do Mediterrâneo, em conjunto com os fenômenos naturais, como os processos de imigração, extinção e diferenciação regional que têm ocorrido ao longo das eras geológicas. Porém, as viagens, invasões e as populações de navegantes e comerciantes da região também deixaram sinais permanentes na formação de sua flora e fauna. Por exemplo, as plantas pequenas espinhosas que chamamos de opúncias vieram da América, enquanto que laranjas, limões e tangerinas, que nascem entre as folhas de tom verde-escuro das árvores cítricas que achamos típicas do Mediterrâneo, na verdade vieram do Extremo Oriente e foram trazidas para a região pelos árabes. Os exemplos são infinitos: do tomate, que veio do Peru, ao milho, que veio do México. Desta forma, o Mediterrâneo é uma estratificação de elementos e cores, uma composição artística de organismos vivos e um laboratório no qual um processo constante e habilidoso de naturalização está em andamento.

A importância extraordinária da Bacia do Mediterrâneo exige um compromisso igualmente significativo da WWF. De fato, um escritório da WWF Internacional específico para o Mediterrâneo opera na região há mais de dez anos, com o objetivo de implementar projetos para a conservação da biodiversidade nos países que ainda não contam com escritórios nacionais. Esta atividade tem o suporte do trabalho das organizações nacionais, que realizam programas independentes, porém coordenados, com enfoque na conservação e promoção de atividades sustentáveis. Desta forma, a WWF opera não somente na França, Grécia, Itália, Espanha e Turquia por meio de suas organizações nacionais, mas também em Magreb e nos Bálcãs.

A região é o enfoque da conservação ecorregional, uma nova abordagem que tem como objetivo identificar as prioridades de trabalho direcionadas à conservação da biodiversidade de toda a ecorregião. Porém, a área também é o enfoque de projetos específicos cujo objetivo é salvar as espécies e habitats mais ameaçados, como a tartaruga marinha e os cetáceos, as florestas de abetos prateados, as costas arenosas, as florestas de cortiça, o urso-marrom de Marsica, a lontra etc. Infelizmente, as ameaças que a região do Mediterrâneo sofre estão cada vez mais iminentes e evidentes, da exploração incontrolada de seus recursos ao vazamento (e, com freqüência, a descarga direta) de agentes poluentes no mar, a pressão exercida pelo turismo em constante expansão e o excesso de infra-estrutura relacionada que sufoca as costas e os recursos naturais. Nos próximos anos, espera-se que a criação de um número crescente de unidades de conservação e santuários para as espécies que correm risco consiga restabelecer o equilíbrio natural e que o Mar Mediterrâneo, com seu rico legado de história e tradição, possa ser recuperado para a vida.

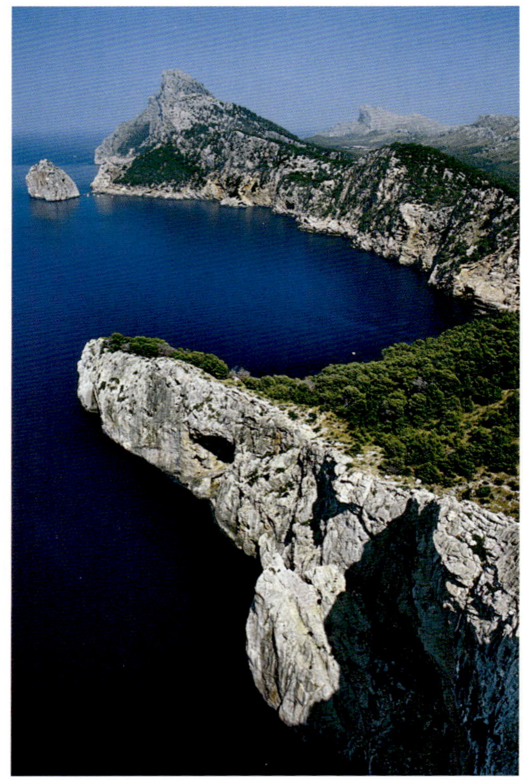

46 em cima, à esquerda A ponta extrema ao norte de Maiorca, nas Ilhas Baleares, é conhecida como Cabo de Formentor. Seu ponto mais alto atinge 384 metros de altitude.

46 em cima, à direita e centro As Ilhas Baleares estão localizadas no Mediterrâneo ocidental. O arquipélago é composto por quatro ilhas principais: Maiorca, Minorca, Ibiza e Formentera, além de várias ilhas menores, como a Ilha de Cabrera.

46 embaixo A costa sul de Córsega é formada por calcário, conforme mostram os altos rochedos brancos de Bonifacio que terminam no mar azul. A área faz parte de um Parque Marinho Internacional.

46-47 A costa sul da França é tipicamente mediterrânea. Uma das regiões mais espetaculares é Côte des Calanques, em Provença, entre Marselha e Cassis.

48-49 A Ilha de Pianosa, que ocupa apenas 10 quilômetros quadrados, abrigou uma prisão até 1998. Agora, faz parte do Parque Nacional do Arquipélago Toscano.

48 embaixo As Ilhas Tremiti são um arquipélago de quatro ilhas no Mar Adriático: San Domino (a maior), San Nicola, Capraia e Pianosa.

49 em cima A costa amalfitana tem vista para o Golfo de Salerno e inclui a Península de Sorrentine. Foi declarada, em 1997, Patrimônio Mundial da UNESCO.

49 no centro, à esquerda Cala Rossa, na costa sul da Ilha de Capraia, possui evidências das origens vulcânicas da terceira maior ilha do arquipélago toscano.

49 no centro, à direita A Ilha de Palmarola está localizada nas Ilhas Pontine, no Mar Tirreno, distante da costa da região italiana de Lazio. É habitada somente durante o verão.

49 embaixo A Ilha de Ischia, no extremo norte da Baía de Nápoles, possui aproximadamente 47 quilômetros quadrados. É uma ilha vulcânica – o vulcão permaneceu ativo até o século XIV.

50 em cima e 50-51 A Ilha de Lampedusa tem 8,8 quilômetros de extensão e apenas 1,6 quilômetro de largura. Embora seja o ponto extremo sul da Itália, a ilha pertence geologicamente à placa africana. Está localizada mais próxima da costa sul da Tunísia.

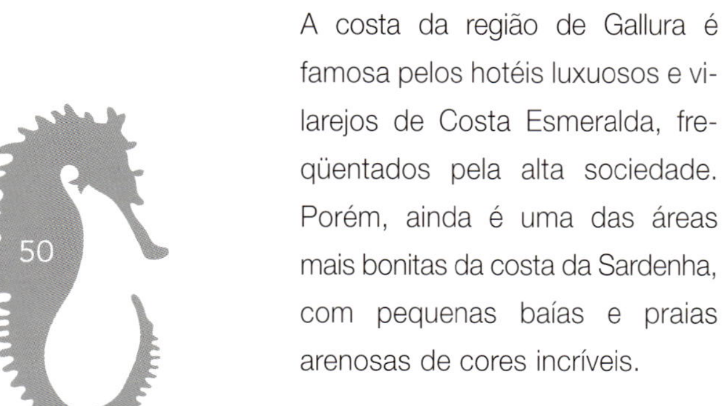

50 à esquerda e centro, em cima A costa da região de Gallura é famosa pelos hotéis luxuosos e vilarejos de Costa Esmeralda, freqüentados pela alta sociedade. Porém, ainda é uma das áreas mais bonitas da costa da Sardenha, com pequenas baías e praias arenosas de cores incríveis.

50 no centro, embaixo A Scalata dei Turchi (Escalada dos Turcos), na Província de Agrigento, é um rochedo de calcário, cujo nome se deve à lenda que conta os ataques de sarracenos nos vilarejos.

50 embaixo Alicudi fica no extremo ocidente das Ilhas de Aeolian. É um vulcão extinto, cuja base está a 1524 metros de profundidade e cujo topo chega a, aproximadamente, 61 metros acima do nível do mar.

52-53 A Ilha de Budelli, no Parque Nacional do Arquipélago de Maddalena, é famosa por sua praia rosa, mas as águas cristalinas das outras pequenas baías desta ilha minúscula também são de tirar o fôlego.

54-55 e 55 embaixo O Arquipélago de Maddalena, no Estreito de Bonifacio, é conhecido por suas águas claras. Além da ilha principal, inclui as famosas ilhas de Budelli, Caprera, Spargi e Santa Maria, além de uma série de pequenas ilhas e rochedos.

54 embaixo O tom rosa desta famosa praia de Budelli é provocado pela sua específica composição sedimentar. Para conservá-lo, o número de turistas na praia é limitado atualmente.

55 em cima Flores silvestres de cores vivas enfeitam as dunas da costa norte de Palau, próximo a Porto Pollo. A pitoresca costa nordeste de Sardenha é um dos destinos turísticos mais conhecidos e procurados no Mediterrâneo.

56 em cima A Ilha de Milos, do Arquipélago das Cíclades, é uma ilha vulcânica. Suas lindas praias e formações rochosas, como as de Sarakiniko, são famosas no mundo inteiro.

56 centro O litoral de Elinda, na Ilha de Chios, conta com muitas baías e pequenas ilhas. O clima ameno permite o crescimento da magnífica vegetação rasteira do Mediterrâneo.

56 embaixo Patmos é uma pequena ilha do Arquipélago Dodecanese, no Mar Egeu. O centro histórico de Chora, com o Monastério de São João, o Teólogo, e a Caverna do Apocalipse, foram declarados Patrimônios Mundiais da UNESCO.

56-57 Zaquintos é uma das várias ilhas gregas do Mediterrâneo Oriental. Situada a oeste do Peloponeso, é famosa por suas lindas baías.

57 embaixo Lindos, na Ilha de Rhodes, não é famosa somente por seu mar cristalino, mas também por sua Acrópole, mencionada por Homero.

58-59 O litoral de Marmaris, na Turquia, conta com bons ancoradouros. É um dos principais destinos turísticos do Mediterrâneo oriental.

59 em cima Cala en Turqueta, na costa sul da Ilha de Minorca, deve seu nome à cor turquesa do mar. É famosa por sua linda praia.

59 no centro, à esquerda O Arquipélago de Kornati, na Croácia, está localizado ao sul de Zadar. É uma das regiões mais belas e selvagens dos quatro parques nacionais de Dálmata.

59 no centro, à direita Malta não somente abriga a principal ilha que leva o mesmo nome, mas também as ilhas de Gozo, Comino, Filfa e Cominotto. Ocupa apenas 0,16 quilômetro quadrado.

59 embaixo De tirar o fôlego, a costa da Turquia, na região de Kafl, é irregular e rochosa. É banhada pelo Mediterrâneo oriental, com suas várias tonalidades de azul.

PLANETA TERRA
A BACIA DO MEDITERRÂNEO

60-61, 61 em cima e no centro, à direita A costa sul do Mediterrâneo é arenosa em várias regiões, principalmente no Egito, onde é fortemente influenciada pelo Deserto do Saara, localizado logo após a costa, e pelos resíduos transportados pelo Rio Nilo.

61 no centro, à esquerda A costa mediterrânea do Marrocos, na região montanhosa de Rif, é caracterizada por rampas sem cobertura vegetal que descem até o mar.

61 embaixo A costa da Líbia é ainda uma das mais intactas de todo o Mediterrâneo, por causa da ausência de instalações turísticas e do baixo nível de exploração dos recursos de pesca.

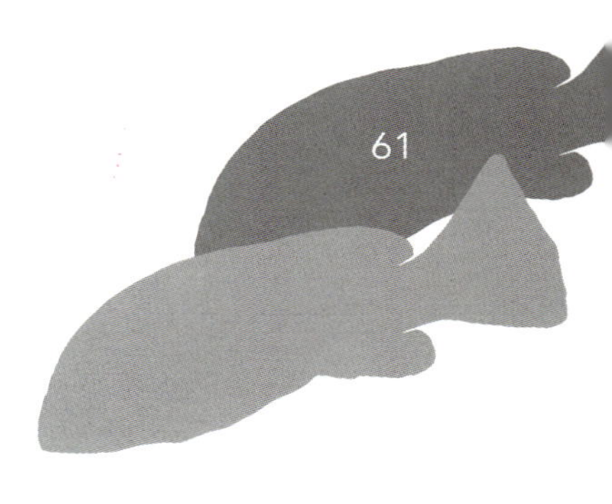

62 e 63 embaixo, à esquerda O Mediterrâneo apresenta uma variedade muito rica de formas de vida, comparáveis, em certos aspectos, às dos mares tropicais, com gorgôneos vermelhos, corais e milhares de invertebrados.

63 em cima, à esquerda Os ricos locais para pesca do Mediterrâneo são, provavelmente, uma das razões pelas quais várias civilizações se mantiveram em sua costa. Hoje, esta riqueza está gravemente ameaçada por causa da exploração excessiva.

63 em cima, à direita A garoupa parda vive em todo o Mediterrâneo, principalmente no fundo do mar rochoso. É marrom, com marcas mais claras, e sua dieta consiste principalmente de moluscos, crustáceos e outros peixes.

63 embaixo, à direita O peixe-escorpião de escama grande é uma espécie típica do Mediterrâneo e pode atingir 50 centímetros de comprimento. Possui três espinhas altamente venenosas no dorso, que podem causar grande dor em predadores ou pescadores desprevenidos.

OS LAGOS DO VALE DO RIFT

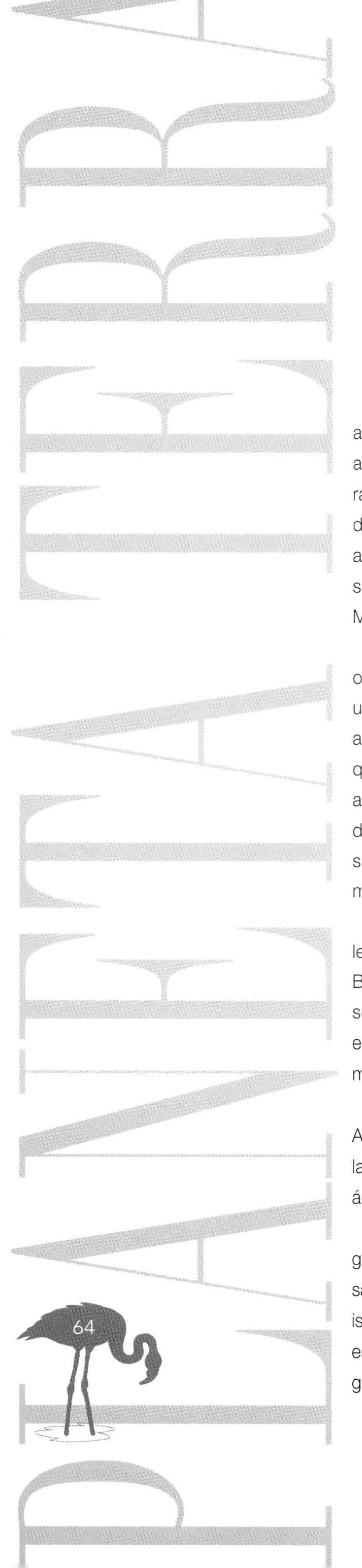

"Incompreensível, inimaginável, inacreditável.
E completamente inesquecível."
Ernest Hemingway

O Vale do Rift é um fissura profunda, ou uma grande depressão, na crosta da Terra, que se estende por aproximadamente 6400 quilômetros, de Moçambique até a Síria. Começa próximo ao Lago Malaui antes de apresentar uma bifurcação: a ramificação oeste, que inclui, entre outros, os Lagos Tanganica e Alberto, e a ramificação leste, com os Lagos Magadi, Naivasha e Baringo. Continua com os Lagos Turkana e Abaya antes de se dividir novamente: a ramificação leste é marcada pelo Golfo de Aden, e ramificação do oeste corresponde ao Mar Vermelho. Esta grande depressão, que cruza dez países da África oriental, é caracterizada por intensos fenômenos vulcânicos, como jatos de magma, criando formações vulcânicas impressionantes, como o Monte Quênia e o Kilimanjaro.

A formação do Vale do Rift começou há 40 milhões de anos, entre as eras Mesozóica e Cenozóica, quando ocorreram eventos vulcânicos que deram origem a depressões e fissuras que favoreceram a formação de uma série de lagos bem diversos. As atividades sísmica e geotérmica intensas alargaram a fenda e deixaram a litosfera significativamente estreita, reduzindo sua espessura continental típica de 100 para somente 20 quilômetros. A litosfera provavelmente vai se romper novamente dentro de alguns milhões de anos, dividindo a África oriental do restante do continente e criando um novo oceano (de acordo com a teoria de formação dos continentes, o Oceano Atlântico se formou da mesma forma, quando a África e a América do Sul se separaram). A largura do vale varia de 30 a 100 quilômetros, ao passo que sua profundidade varia de algumas centenas a milhares de metros.

O Lago Tana, no platô noroeste da Etiópia, constitui o principal reservatório do Nilo Azul, cujas fontes lendárias foram descobertas pelo jesuíta Pedro Páez, em 1617, e posteriormente exploradas por James Bruce, que visitou o país em 1765. Esta ecorregião conta com uma série de recordes: o Lago Tanganica é o segundo de água doce mais profundo do mundo (mais de 1585 metros); o Lago Vitória é o segundo maior em área de superfície; e o Lago Malaui, também muito profundo (aproximadamente 792 metros), é o terceiro maior lago da África.

Infelizmente, o Lago Vitória é o retrato de um dos mais sérios desastres ecológicos dos últimos tempos. A introdução de uma espécie alóctone, a perca do Nilo (*Lates niloticus*), para fins comerciais, destruiu a população de peixes do lago, que era composta por cerca de 500 espécies de ciclídeos (uma família de peixe de água doce), incluindo muitos outros tipos endêmicos, em um período de apenas alguns anos.

Na ramificação leste, os solos vulcânicos e as altas taxas de evaporação favoreceram a criação de um grupo de lagos de soda, como o Lago Natron, na Tanzânia. Assim como o Lago Vitória, os lagos do Vale do Rift são famosos pela incrível diversidade de ciclídeos, que vivem em suas águas há milhões de anos, evoluindo em isolação completa em um tipo de limbo ou nicho especial que permite sua reprodução tranqüila. Cerca de 800 espécies de ciclídeos vivem nos lagos, mas muitas outras ainda esperam ser descobertas. Um pesquisador pegou, recentemente, 7000 peixes, representando 38 famílias em uma área de amostragem de 400 metros quadrados no Lago Tanganica. Os ciclídeos também são conhecidos pelos cuidados que dedicam aos peixes mais novos, que nadam dentro da boca de seus pais para se protegerem do perigo. Copépodes, ostracodas, camarões, caranguejos e moluscos são representados por grandes números de espécies endêmicas.

Um outro habitante característico destes lagos é o flamingo, representado por duas espécies: o flamingo maior (*Phoenicopterus roseus*) e o flamingo menor *(Phoenicopterus minor)*. Eles formam colônias de milhões de seres nos Lagos Natron, Nakuru e Bogoria, que oferecem condições ideais para estas espécies. Os inúmeros pássaros que visitam os lagos durante todo o ano se misturam com muitas espécies migratórias européias no inverno, que incluem pelicanos *(Pelecanus spp.)*, o bico-de-tesoura-africano *(Rynchops flavirostris)*, o jaçanã-africano (*Actophilornis africana*), o cormorão (*Phalacrocorax spp.)* e a biguatinga (*Anhinga rufa*).

Muitos destes habitats em lagos também abrigam grandes populações de hipopótamo *(Hippopotamus amphibius)* e crocodilo-do-Nilo *(Crocodylus niloticus)*, enquanto que a vegetação perto da água oferece refúgio a várias espécies africanas típicas. O Parque Nacional do Lago Nakuru, por exemplo, abriga o antílope-d'água *(Kobus ellipsiprymnus)*, a girafa-de-Rothschild *(Giraffa camelopardalis rothschildi)* e o rinoceronte branco *(Ceratotherium simum)*, que foi introduzido aqui para salvar sua espécie de extinção.

O Vale do Rift também é muito importante sob uma perspectiva antropológica, pois acredita-se ser o berço da espécie humana. Inúmeros ossos de ancestrais hominídeos do homem moderno foram encontrados na região, incluindo o esqueleto australopitecíneo, que foi batizado de "Lucy", descoberto pelo antropólogo Donald Johanson, e as pegadas de Laetoli, descobertas por Richard e Mary Leakey. De fato, os sedimentos depositados no Vale do Rift, provocados pela rápida erosão dos platôs, é ideal para a preservação de restos fósseis.

A introdução de espécies exóticas, o aumento da sedimentação causada pelo desmatamento dos morros que circundam os lagos, a poluição das águas das áreas urbanas e a pesca excessiva são as maiores ameaças desta ecorregião. A pressão exercida nestes ecossistemas delicados é causada, muitas vezes, de forma irreversível pelo crescimento demográfico e o desenvolvimento de infra-estruturas do homem, que exigem mais terras e recursos. Porém, um projeto encorajador nos últimos anos é um acordo internacional, cujo objetivo é evitar a introdução de espécies agressivas no Lago Vitória e estimular formas de desenvolvimento que permitam a conservação dos recursos hídricos e da biodiversidade dos lagos: o Acordo de Parceria para a Promoção de Desenvolvimento Sustentável na Bacia do Lago Vitória.

A WWF está envolvida na conservação da natureza na África oriental desde 1962, quando começou a adquirir as terras que posteriormente se tornaram o Parque Nacional do Lago Nakuru, no Quênia. Em 1986, o escritório WWF do Programa Regional da África Oriental (WWF EARPO) foi criado em Nairóbi, com o objetivo de desenvolver projetos de conservação nos seguintes países: Quênia, Tanzânia, Uganda, Etiópia, Ruanda e Burundi. Espécies emblemáticas de suas campanhas de conservação incluem o rinoceronte-preto e o gorila-da-montanha.

PLANETA TERRA

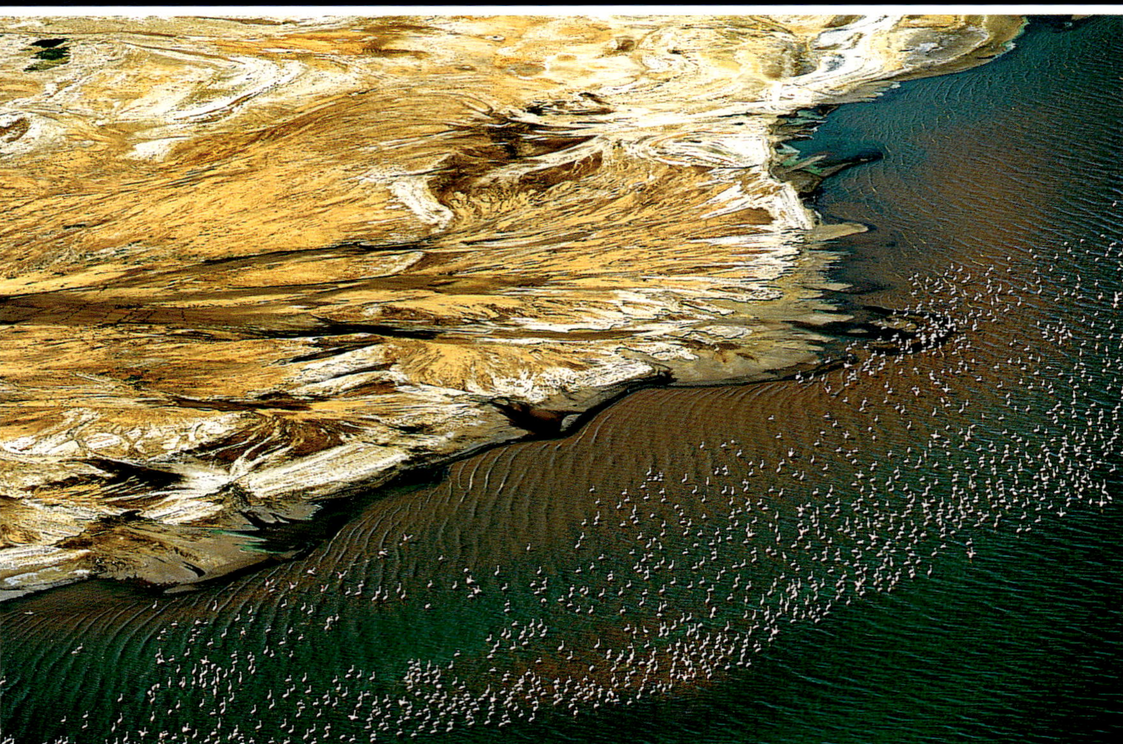

66 à esquerda O pelicano-de-dorso-rosa é a espécie mais comum na África e habita as mesmas áreas que o grande pelicano-branco. Os pelicanos podem apresentar uma envergadura da asa de até 3,5 metros e peso de até 10 quilos.

66 em cima, à direita O Lago Turkana abriga grandes populações de crocodilo e hipopótamo, além de inúmeras espécies de peixes. O paleontólogo Richard Leakey encontrou nesta região vários fósseis hominídeos de 3 milhões de anos.

66 embaixo, à direita O Lago Bogoria, no Quênia, é um dos pontos mais extremos do norte do Vale do Rift. Suas origens são vulcânicas. É caracterizado por gêiseres e fontes de água quente.

66-67 Os lagos do Vale do Rift são famosos por abrigarem uma das maiores populações de flamingo do mundo. O flamingo-menor é a espécie mais numerosa e surge sempre em grupos de milhares de aves.

67 embaixo As quedas de Murchison, ou de Kabalega, ficam em Uganda, a 32 quilômetros a leste do Lago Alberto. A água forma uma série de 3 cachoeiras, cada uma com cerca de 40 metros de altura, com uma queda total de aproximadamente 122 metros.

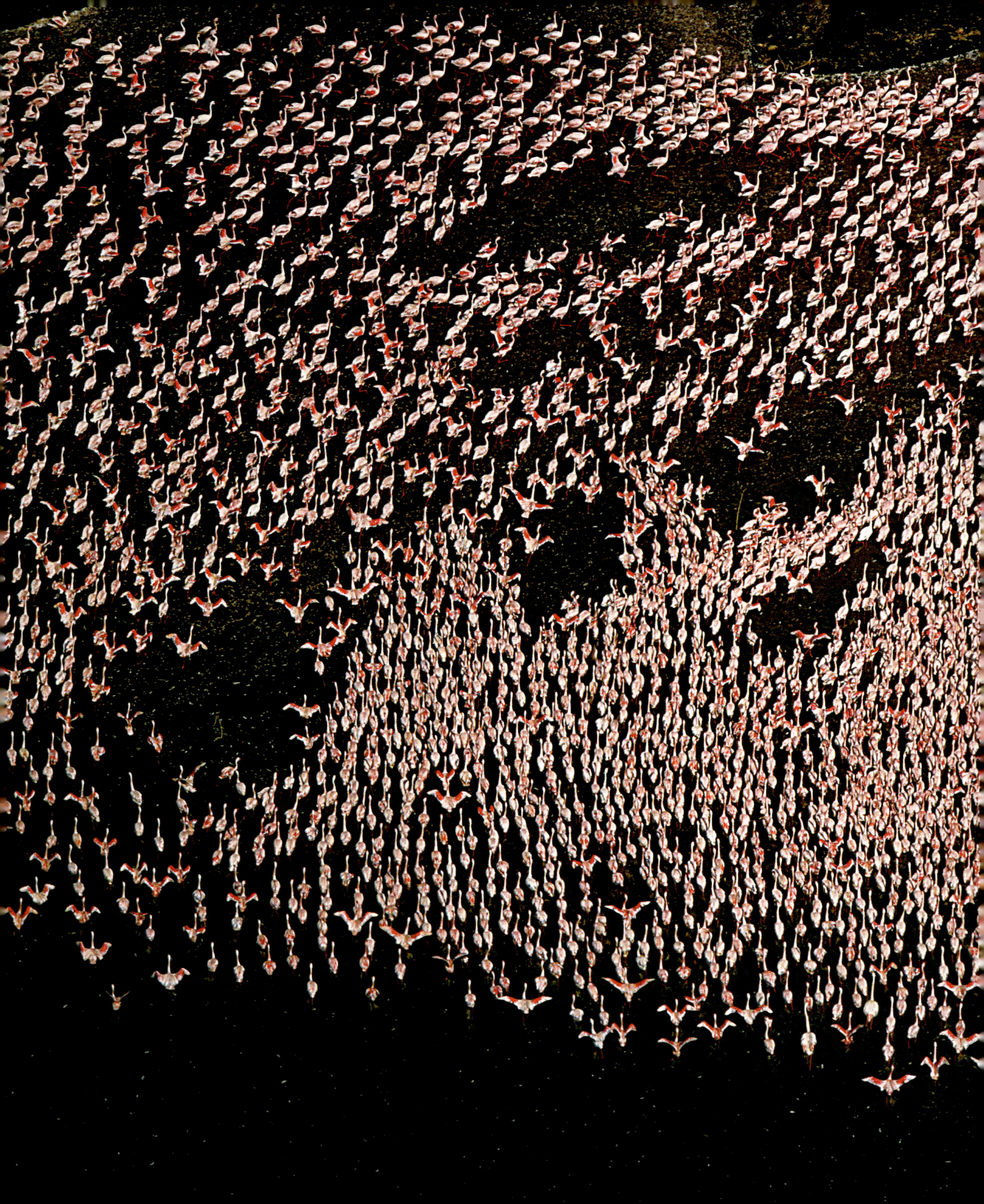

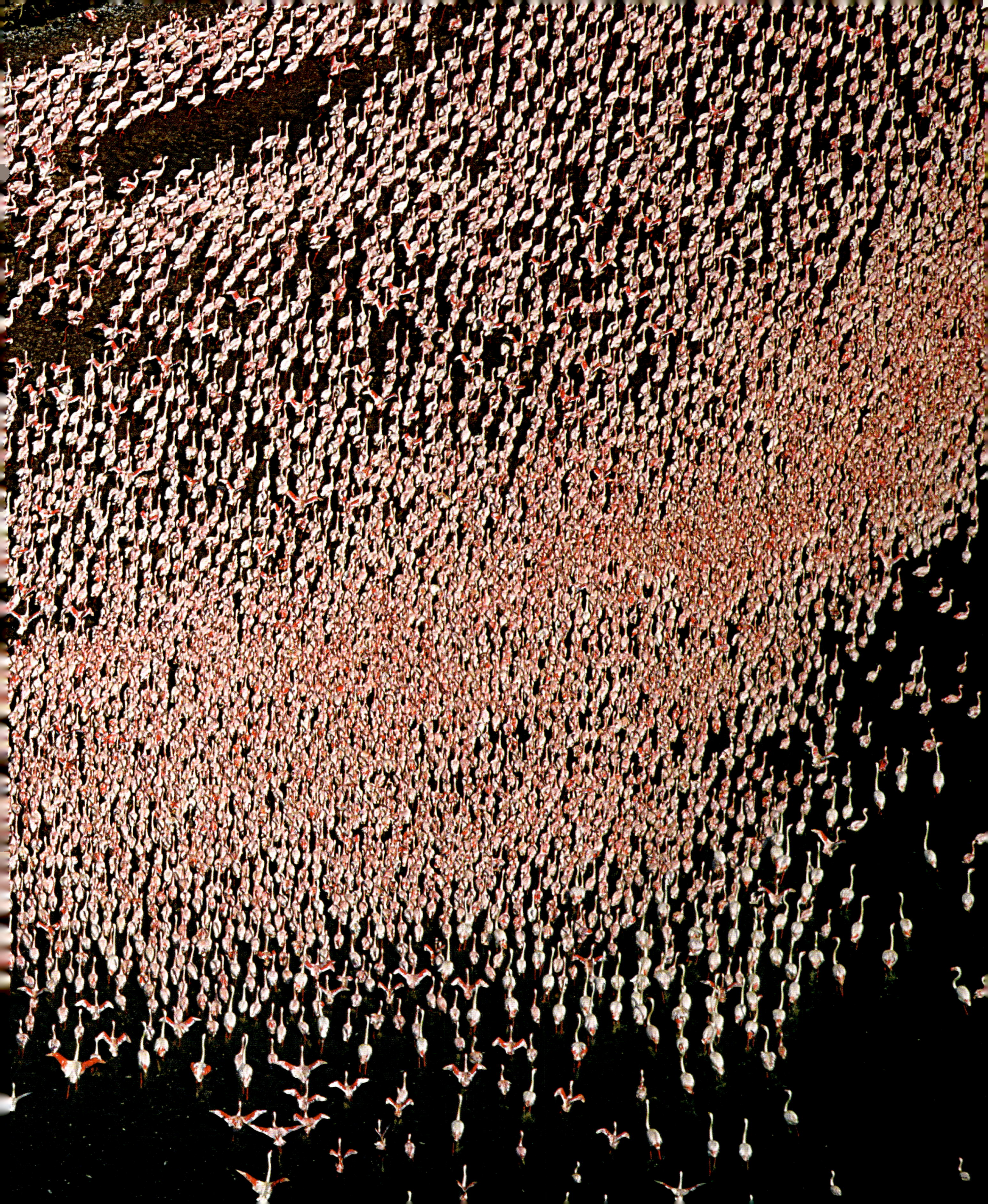

68-69 Milhões de flamingos escolhem o Lago Natron, na Tanzânia, como refúgio e local seguro para seus ninhos. As temperaturas muitas vezes ultrapassam 50°C na temporada seca, e a área é tão distante e inóspita que as margens deste lago de água salgada ficam virtualmente livres de predadores.

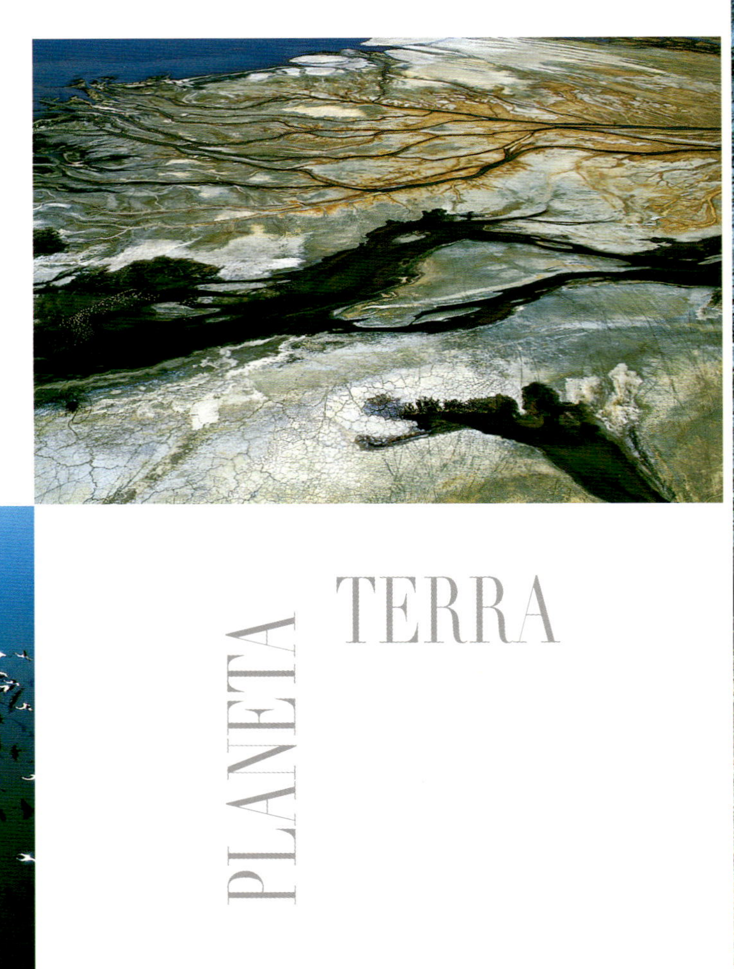

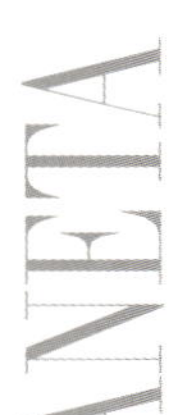

PLANETA TERRA

70 e 71 O alto índice de evaporação provoca variação no nível de água do Lago Natron conforme a temporada, mas esta variação geralmente não passa de 3 metros de profundidade.

72-73 A cor laranja com tons avermelhados do Lago Natron se deve ao pigmento das bactérias extremofilas, que são uma das poucas formas de vida, além dos flamingos, que conseguem viver nestas águas.

74 em cima Ao contrário do Lago Bogoria, ou do Natron, os lagos do extremo oeste do Vale do Rift, compartilhados por vários países da região central da África, são importantes áreas de água doce.

74 centro O rinoceronte branco foi introduzido no Parque Nacional do Lago Nakuru para salvar sua espécie da extinção na África do Sul. Nos últimos anos, a população tem crescido com lentidão. Atualmente, há vários projetos com o intuito de restabelecer o número original da espécie na região.

74 embaixo Durante o namoro, a zebra macho fica muito agressiva e competitiva, mordendo rivais para defender seus haréns. Costuma dar o mesmo tratamento grosseiro às fêmeas durante o acasalamento.

74-75 Os hipopótamos passam o dia inteiro na água para proteger sua pele sensível do sol e saem da água à noite para se alimentar nas margens dos rios e lagos.

75 embaixo Os crocodilos-do-Nilo se escondem enquanto esperam que suas presas se aproximem da água. Estes répteis podem ultrapassar 4,8 metros de comprimento e pesar até 500 quilos.

80-81 As girafas vivem principalmente nas savanas de árvores, alimentando-se de folhas de acácia. Porém, podem ser vistas com freqüência nos campos abertos, em pares ou pequenos grupos.

80 embaixo Jovens leopardos caminham pela savana à procura de alimento: gazela de Thomson, zebra, javali-africano ou impala. Os filhotes ficam com a mãe até atingirem, aproximadamente, de 13 a 20 meses.

AS SAVANAS DE ACÁCIA DA ÁFRICA ORIENTAL

81 em cima As árvores de acácia são, sem dúvida, a paisagem mais característica e presente da savana africana. É um gênero muito antigo e um dos principais alimentos dos grandes herbívoros africanos.

81 embaixo Os elefantes formam grupos de família compostos por fêmeas, jovens machos e filhotes. Não há predadores para eles. Os filhotes são os únicos membros vulneráveis do grupo, mas são muito bem protegidos pelos animais mais velhos.

82-83 O leopardo é um animal solitário. Passa o dia descansando nos galhos de uma árvore para evitar o calor e outros predadores, e age à noite para atacar suas presas.

83 em cima, à esquerda As planícies africanas são cortadas por grandes rios, como o Mara e o Grumeti. Estas regiões são preciosas, pois a água é essencial à vida, e suas margens são cobertas por esplendidas florestas ribeirinhas.

83 no centro, à esquerda De acordo com a lenda, o baobá foi plantado de forma invertida, com suas raízes voltadas para o céu! A árvore é um símbolo da África, e seus galhos entrelaçados servem de refúgio para várias espécies de animais.

83 embaixo, à esquerda Após a temporada de chuva, a savana africana fica coberta por um tapete de grama exuberante, que atrai milhões de gnus, zebras e gazelas.

83 em cima, à direita A impala é a presa favorita do leopardo, mas sua agilidade parece mostrar que é uma espécie difícil de ser capturada!

83 embaixo, à direita O rinoceronte-preto usa o lábio superior para agarrar folhas e galhos finos quando vai se alimentar.

84 e 85 Depois de isolar sua presa, a leoa tenta deitá-la, mordendo-a nas costas e no pescoço com seus caninos afiados. A leoa sozinha geralmente caça zebras ou kudus; em grupo, podem capturar um búfalo. Leões e leoas desenvolvem genuínas estratégias de caça, que não são baseadas somente no instinto. Na verdade, os métodos utilizados nesta atividade essencial, porém árdua, variam substancialmente conforme a região, satisfação do animal e tipo de presa.

PLANETA TERRA

86 e 87 As grandes planícies africanas são o cenário da migração anual do gnu, uma das maravilhas da natureza, nas quais centenas de milhares destes animais seguem da região de Serengeti para o leste, cruzando os rios Mara e Grumeti, onde enormes crocodilos-do-Nilo atacam aqueles que se distraírem perto da água ou durante a passagem pelo rio. No fim da época de chuvas, quando os recursos das planícies estão esgotados, os gnus seguem para o oeste e o norte, as áreas de transição, onde podem encontrar alimento.

88-89 As zebras são brancas com listras pretas ou são pretas com listras brancas? O efeito óptico depende da largura das listras. O mais extraordinário é que não existem duas zebras exatamente iguais, pois seu desenho listrado varia conforme o animal.

A BACIA DO CONGO

"Nós simplesmente precisamos daquele país selvagem disponível para nós,
pois pode ser um meio de reafirmação
da nossa sanidade como criaturas, uma parte
da geografia da esperança."
Wallace Stegner

As florestas tropicais do Rio Congo, na África central, se estendem sem interrupção por uma grande área, cruzando as fronteiras de cinco nações: Camarões, Gabão, República do Congo, República Democrática do Congo e República Central da África. Esta ecorregião, que ocupa aproximadamente 1.550.000 quilômetros quadrados, é a segunda maior em extensão, perdendo somente para a região do Amazonas. Um terço de toda a área corresponde à selva, com altitude entre 300 e 800 metros de altitude e precipitação média anual entre 1400 e 2000 milímetros.

Imagine um habitat sombrio e úmido, com sons abafados, melancólicos e indefiníveis, vegetação suntuosa e vida pulsando em silêncio. E homens se movimentando com rapidez por estes espaços de ramos contorcidos e claustrofóbicos, iluminados pelo sol salpicado que penetra pelas folhagens densas. Você está imaginando a floresta da Bacia do Congo e seus habitantes, os pigmeus BaAka, BaKa e BaKola – as únicas presenças em uma área cuja densidade demográfica humana é menor do que cinco pessoas por quilômetro quadrado, que consideram a floresta como uma fonte de proteção, alimento e tratamento, além de cultura e vida espiritual.

A floresta tropical, concentrada principalmente na região norte do país, inclui a maior parte deste ecossistema e ocupa uma área tão vasta que a torna a segunda maior floresta do mundo, atrás somente da floresta tropical da Amazônia. Considerando o fato de que abriga 35% da biodiversidade do mundo e que o país foi chamado de "escândalo geológico", por causa de sua riqueza extraordinária de recursos minerais e naturais, é uma surpresa saber que o produto interno bruto da República Democrática do Congo está entre os mais baixo do mundo, que 20% das crianças não chegam à idade de cinco anos e que 16% dos que chegam correm o risco de morrer de fome. Parece que há um obstáculo entre a natureza e os habitantes do país, uma queda de energia irreversível que interrompe todas as ligações.

O Congo é uma terra incandescente, que não conhece a paz. Suas ricas minas de ouro e diamante e a presença de muitos outros minérios – como cobre, zinco, estanho, cobalto, urânio e coltan, descoberto mais recentemente e utilizado pelas indústrias aeroespacial, telecomunicações e TI – constituíram há muito tempo uma faca de dois gumes e atraíram não somente saqueadores e aventureiros à região, mas também os poderes coloniais do passado. Hoje, os mesmos recursos estão na mira de sangrentas guerras civis caracterizadas por hostilidades étnicas, cujo objetivo é controlar e explorar a área. Além das conseqüências previsíveis e trágicas em termos de vidas humanas, estes conflitos também provocaram um impacto negativo no ecossistema, além de agravarem as condições de vida da população.

O desmatamento da floresta tropical realizado por invasores representa uma grande ameaça ao ecossistema inteiro porque a presença de vegetação é o fator mais importante para garantir o retorno das chuvas. Na verdade, 77% da chuva na Bacia do Congo é resultado da transpiração das plantas da região, ao passo que apenas 23% da chuva chega à região trazida de oceanos distantes pelo vento. Se o desmatamento continuar, a perda de água da superfície vai ocorrer com uma rapidez cada vez mais maior do que sua substituição por meio de condensação e infiltração. Desta forma, o solo vai ficar sujeito à uma maior erosão e vai, gradualmente, se tornar improdutivo. Sem a transpiração das plantas, as fortes chuvas tropicais vão desaparecer. A destruição das florestas marca o início do fim e o primeiro passo no processo de transformação da área úmida em árida.

Existem dois tipos de floresta tropical nesta região: tropical e subtropical, com palmeiras, lianas (cipós) e trepadeiras exuberantes. A área é reconhecida como uma das regiões de maior diversidade do mundo, apesar de permanecer substancialmente desconhecida. Os habitantes da floresta tropical do Congo incluem 1000 espécies de aves e 400 espécies de mamíferos (muitas das quais são endêmicas). Estes números são os maiores de todo o continente africano. A região abriga populações de gorilas, chimpanzés, bonobos e mandris, uma ampla variedade de ruminantes e roedores, além de elefantes-da-selva *(Loxodonta africana cyclotis)*. É também o habitat do ocapi *(Okapia johnstoni)*, um parente distante da girafa que se adaptou melhor à vida na vegetação densa da floresta do que na savana. É um animal diferente, que, com seus hábitos noturnos, acanhados e solitários, simboliza perfeitamente o espírito deste ecossistema. Parece o resultado do cruzamento da girafa com a zebra, pois tem o corpo escuro e as pernas listradas. É também ativo durante o dia nas áreas mais tranqüilas da floresta. Esta espécie marca a área onde vive com urina e um líquido secretado pelas glândulas odoríferas de cada uma das patas. Este comportamento é típico dos animais territoriais, que marcam e constantemente defendem seu domínio.

A região apresenta ainda uma extraordinária variedade de aves, e o Parque Nacional de Odzala, sozinho, ocupa 2850 quilômetros quadrados e abriga 442 espécies diferentes. Porém, este número deve aumentar, pois novas espécies, como o tordo-da-selva *(Stiphornis sanghensis)*, continuam sendo descobertas. Rãs de múltiplas cores, camaleões cinzas e com crista e cobras venenosas são espécies facilmente encontradas, mas o Parque Nacional de Odzala esconde um "coração sombrio" misterioso e pulsante, de natureza intacta e ainda não totalmente explorada. Elefantes-da-selva, imponentes gorilas-de-planície, pequenos grupos de sitatungas, búfalos, porcos-do-riacho vermelhos, garçotas, búfagas-do-bico-amarelo e papagaios-cinzas: uma grande quantidade de espécies selvagens que não podemos correr o risco de perder.

A floresta é ameaçada pela abertura de novas estradas, invasões, desmatamento ilegal e concessões de exploração de madeira – fatores estes que contribuem para a redução de sua biodiversidade. Muitos animais da floresta, como o leopardo, o gato-dourado e a águia-coroada, são caçados porque brigam por alimento com as populações locais. Outras espécies, como gorilas, elefantes, crocodilos, lagartixas e papagaios-cinzas, são caçados como troféus, amuletos e mercadorias para permuta. Estas atividades estão associadas aos danos provocados pela guerra civil. Os minérios, a madeira e a caça têm sido o principal enfoque das facções em guerra e a região é freqüentemente explorada, prejudicando as populações locais. Além disso, a fuga em massa de refugiados e sua presença em acampamentos de refúgio, e até em parques e reservas, têm causado um impacto negativo nos recursos naturais.

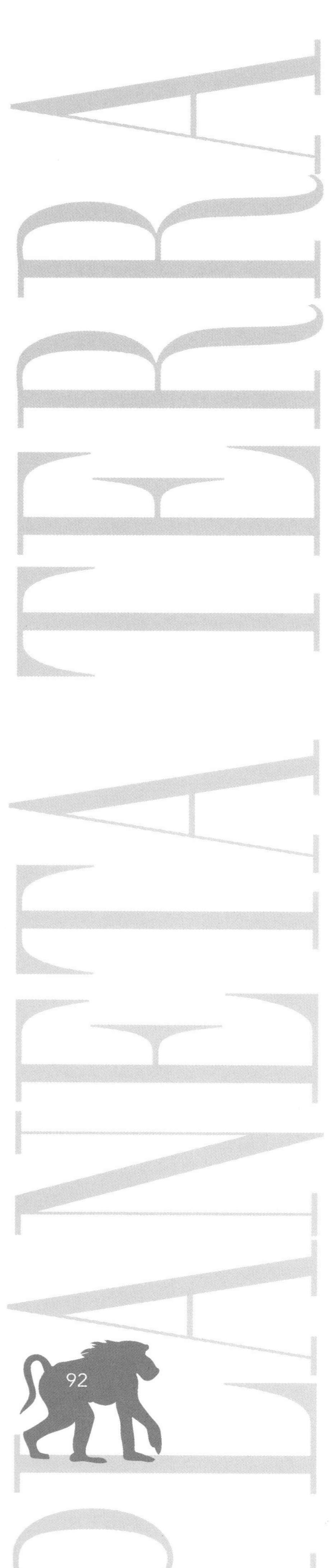

93 O Parque Nacional de Odzala, na República Democrática do Congo, foi criado em 1940 e ocupa 1100 quilômetros quadrados. É basicamente coberto pela floresta tropical e abriga uma grande variedade de espécies animais e vegetais.

Apesar deste cenário dramático, a WWF tem operado ativamente em Kivu Norte desde 1988, onde lançou o Programa Ambiental de Virunga (PEVi) com o apoio do Institut Congolais pour la Conservation de la Nature (ICCN), que tem exercido um papel fundamental na redução dos danos causados pela presença de refugiados na região. Um exemplo é o Parque Nacional de Virunga, excepcionalmente importante não somente pela área (8030 quilômetros quadrados) e pelo número extraordinário de espécies animais e vegetais que abriga, mas também porque é o único habitat natural do gorila-da-montanha. Durante conflitos recentes no Congo, a população em fuga invadiu o parque. Conseqüentemente, uma área foi criada ao redor de seu perímetro para amenizar a situação, cujos recursos foram viabilizados para uso sustentável, evitando que os refugiados utilizassem os recursos do parque e colocassem em risco as vidas de muitos animais.

A WWF também participa ativamente na conservação da floresta. A cada ano, a Bacia do Congo perde 15.000 quilômetros quadrados de floresta tropical – uma área que corresponde a um terço do território da Suíça. A WWF lançou uma batalha contra o desmatamento ilegal, com a implementação de um esquema de reflorestamento muito bem sucedido dentro do Programa Ambiental de Virunga. Mais de 5 milhões de árvores foram plantadas desde o início do projeto. Além disso, três das principais empresas de madeira dos Camarões se comprometeram com o gerenciamento responsável da floresta, seguindo as normas rigorosas do Conselho de Manejo Florestal (FSC), que garantem uso sustentável. Um dos principais objetivos do Programa Ambiental de Virunga é estabelecer laços fortes com as comunidades locais. Para atingir este objetivo, programas de desenvolvimento agrícola e educação ambiental foram criados e materiais foram fornecidos para a reconstrução das infra-estruturas sociais básicas.

Hoje, o país está lentamente voltando às condições de paz, fazendo deste o momento ideal para finalmente garantir o gerenciamento de sua enorme riqueza em benefício de seu povo.

94 em cima Os olhos, orelhas e narinas dos crocodilos (neste caso, um crocodilo-anão) ficam no alto da cabeça, assim eles podem ficar debaixo d'água escondidos, prontos para o ataque à presa.

94 no centro, à esquerda O ocapi foi descoberto no início do século XX. É o parente mais próximo da girafa. Possui língua azul bem flexível, que usa para apanhar folhas e brotos de plantas.

94 no centro, à direita O hipopótamo é comum em toda a África subsaariana até a África do Sul. Apesar de parecer pouco ativo, é muito agressivo e territorial, e, sem dúvida, o animal selvagem africano mais perigoso.

94 e 95 embaixo Nos pontos onde a floresta tropical é cortada por rios, a densa vegetação é interrompida, e muitas espécies se reúnem nestas áreas, que oferecem os recursos necessários para sobreviver. Os rios também são as únicas rotas do homem para entrar na floresta.

94-95 Os elefantes africanos vivem em pequenos grupos de família, com 3 a 6 membros, e são típicos animais das matas densas, onde se movimentam com facilidade. O elefante é o maior mamífero terrestre e pode consumir até 295 quilos de alimento e 76 litros de água por dia.

96-97 Uma boa parte da Bacia do Congo, um dos pulmões da Terra, foi impenetrável um dia. Hoje, este habitat está imensamente reduzido por causa de atividades agrícolas, desmatamento e perfuração para exploração de petróleo.

98 em cima O mandril vive nas florestas da Bacia do Congo. Os machos ganham sua cor distinta somente com a maturidade sexual, entre 5 e 6 anos de idade. Estes animais vivem por muito tempo – sabe-se que podem viver até os 46 anos em cativeiro.

98 no centro, em cima O Parque Nacional de Odzala é uma das unidades de conservação em que o gorila-de-planície se alimenta. O desempenho de papéis é de extrema importância entre estes primatas para fins de aprendizado.

98 no centro, embaixo Os jovens chimpanzés permanecem dependentes de seus pais por muitos anos. A relação estabelecida com a mãe vai posteriormente permitir que eles vivam com segurança na floresta.

98 embaixo Os babuínos certamente não estão entre as presas mais fáceis do leopardo, principalmente quando andam em bandos. Porém, mesmo sozinhos, eles são capazes de se defender ferozmente com seus caninos bem desenvolvidos.

98-99 O gorila-de-planície habita as florestas tropicais da ecorregião do Rio Congo. O pouco que ainda resta do habitat natural para a sobrevivência da espécie está agora ameaçado pelo desmatamento.

100 em cima e 100-101 Os gorilas machos adultos passam bastante tempo brincando com os animais mais jovens do grupo. O comportamento e os gestos destes primatas durante as brincadeiras se parecem muito com os dos homens.

100 embaixo A Bacia do Congo abriga o gorila-de-planície e o gorila-de-Cross River, ao passo que o gorila-da-montanha e o gorila-de-planície-do-oriente vivem no extremo leste. Os gorilas machos são os maiores primatas e apresentam nas costas uma marca distinta de pêlos prateados que se forma com a idade.

A REGIÃO DO CABO

"Caminhei pela longa estrada da liberdade.
Tentei não hesitar; dei alguns passos errados durante o percurso.
Mas descobri um segredo: após escalar uma montanha bem alta,
a gente vê que existem muitas outras para escalar."
Nelson Mandela

A África do Sul faz fronteira com a Namíbia, Botsuana e Zimbábue ao norte e com Moçambique e Suazilândia no nordeste. Lesoto é um território independente. Seu litoral é banhado pelos oceanos Atlântico e Índico. A Região do Cabo ocupa a ponta sul da África, estendendo-se por aproximadamente 200 quilômetros ao norte da Cidade do Cabo. O clima da região é extremamente variável, com precipitação anual entre 200 e 3050 milímetros, ou mais. A temperatura média varia de 12° a 19°C, com possibilidade de neve nas montanhas no inverno. A flora desta área é extremamente rica e variada, constituindo um dos "reinos florais" do mundo, embora ocupe apenas 90.650 quilômetros quadrados.

Esta ponta no sul da África é um canto único, cujas flora e fauna são completamente diferentes das outras da região, e assim como a Califórnia, uma parte da costa do Chile e a região sudoeste da Austrália, esta área conta com características naturais e climáticas bem similares às da região do Mediterrâneo. Porém, a Região do Cabo é uma área imprevisível, difícil de classificar. A linda enseada arenosa entre as pedras de granito de Boulders Beach, na costa leste da Península do Cabo, oferece o espetáculo evocativo de pingüins na praia, que se misturam aos turistas e mergulham das pedras na água gelada. Em áreas como o Parque da Península do Cabo, os visitantes podem passar por trilhas – onde são "atacados" por macacos que pulam sobre os carros em movimento –, cruzar paisagens caracterizadas por vegetação rasteira com aspecto distintamente mediterrâneo e, por fim, depois de contornarem uma elevação rochosa, vão avistar o mar de cima, com um vento frio e estrondoso, enquanto dois oceanos – um quente e tranqüilo, e outro frio e tempestuoso – se encontram sob seus pés, criando ondas e espuma conforme se arrebentam nas pedras. Plantas de formas e cores familiares vivem nesta área totalmente africana, onde a riqueza e a beleza apresentam um sabor mais antigo e doloroso, e onde não somente os privilégios, mas também os direitos humanos essenciais foram conquistados por um preço excepcionalmente alto, após violentos conflitos e tensões sociais.

O território, que consiste predominantemente de um platô, é caracterizado por descidas e subidas repentinas que o fazem inclinar de forma irregular em direção ao mar. A flora apresenta grande variedade, pois está exatamente associada às chuvas, que diferem de uma área para outra e constituem um dos principais recursos da África do Sul. As chuvas mantêm nascentes subterrâneas e rios, que fornecem água para usos doméstico, agrícola e industrial, além de regenerar o solo, permitindo o crescimento de árvores e plantas e criando lagos, que, por sua vez, oferecem recursos vitais. Em muitas áreas do país, o início da temporada de chuvas é considerado como o evento mais importante do ano.

A flora tem uma natureza mais homogênea. A vegetação de restinga de toda a área litorânea da Província do Cabo Ocidental, conhecida como o reino floral do Cabo, é formada por arbustos mediterrâneos, com domínio da espécie esclerofila sempre verde, conhecida localmente como fynbos ("arbusto fino", na língua sul-africana), que se refere às folhas tão finas como agulhas de muitas plantas da região. Suas flores, que atingem a altura de seu esplendor durante a primavera austral, são uma imagem excepcional. Este ecossistema apresenta flora muito rica, com alto grau de endemismo: 68% das 8600 espécies são nativas. Pertencem a várias famílias, incluindo Asteraceae, Ericaceae, Leguminosae, Iridaceae e Restionaceae, com diversos gêneros dominantes, como Protea, Erica, Senecio, Leucospermum e Restio.

Há ainda inúmeras espécies de proteas. Conforme o nome sugere – de Proteus, o deus do mar na mitologia grega, que era capaz de alterar sua forma sempre que quisesse – são plantas camaleônicas, cujo aspecto original lembra a alcachofra, que se transformam em uma explosão de beleza de tirar o fôlego quando florescem. Quando atingem a maturidade, suas flores grandes e coloridas são irresistíveis aos pássaros polinizadores. Um dos membros mais importantes da família é a protea-rei, a flor nacional da África do Sul. As charnecas são geralmente menores, com muitas flores tubulares e folhas finas como agulha, ao passo que os restios, quase todos endêmicos, são similares à grama e crescem em área mais úmidas.

Porém, a variedade da flora não se aplica à fauna por causa do baixo nível de nutrientes das plantas e porque muitas delas contêm substâncias tóxicas, indigeríveis e insípidas para herbívoros, como os taninos. Entretanto, a comunidade de fynbos abriga uma grande variedade – mesmo com baixa densidade – de vertebrados endêmicos, incluindo 9 espécies de mamíferos, 6 espécies de aves, 19 espécies de peixes de água doce, 9 espécies de rãs e sapos e cerca de 20 espécies de répteis.

As aves nectarínias – que se parecem com o beija-flor americano, mas pertencem a uma outra família – são uma espécie típica da região e exercem uma função fundamental no ecossistema como polinizadores. Estes pássaros pairam no ar e sugam o néctar das flores, espalhando em si o pólen durante o processo de sucção, e depois o transportam para outras flores, polinizando-as involuntariamente. Esse papel é tão importante que várias plantas "alargaram" suas corolas, mudando seu formato e facilitando somente para os bicos destes pássaros, e não para os insetos. Esta preferência se deve ao fato que os pássaros são emissários mais seguros, pois podem percorrer distâncias consideráveis, mesmo com o tempo ruim, aumentando, assim, as chances de fertilização da planta.

Os mamíferos endêmicos incluem duas espécies de rato-toupeira *(Cryptomys spp.)* – um roedor subterrâneo esquisito que escava longos túneis – e muitos outros pequenos roedores, como o rato-espinhoso-do-Cabo *(Acomys subspinosus)* e o rato-do-brejo-africano (*Dasymys incomtus*). Os grandes herbívoros que ainda habitam a região incluem a rara zebra-da-montanha-do-Cabo (*Equus zebra zebra*), uma subespécie endemica; o elusivo oreotrago *(Oreotragus oreotragus)*; um grande antílope conhecido como bontebok *(Damaliscus pygargus pygargus)*; e o grysbok-do-Cabo *(Raphicerus melanotis)*, um pequeno antílope de vegetação rasteira.

Assim como em todos os habitats do estilo mediterrâneo, o fogo exerce um papel importante no controle

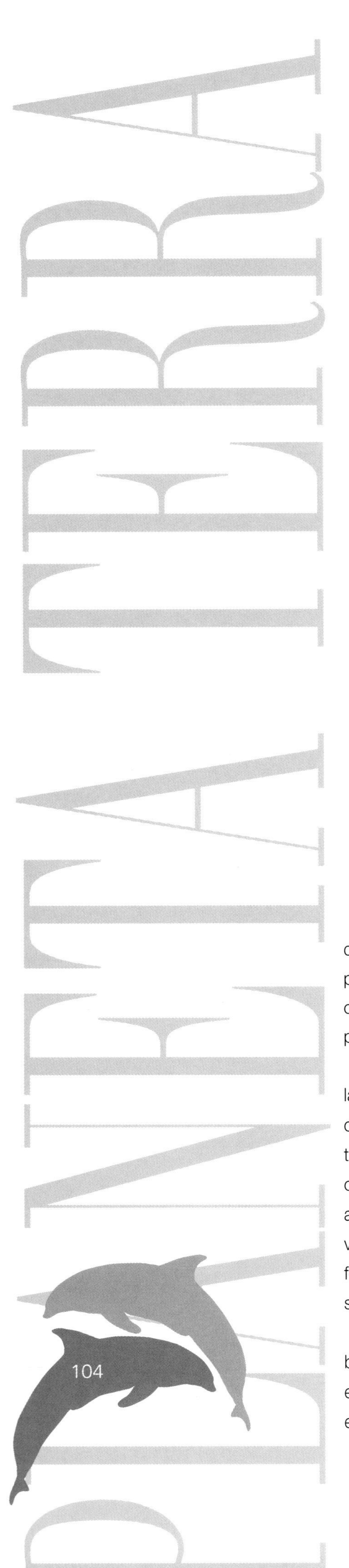

105 Com 5 a 7 metros de comprimento, o tubarão-branco é o maior predador do mundo. Raramente se aproxima da costa e, como não é um exímio caçador, sua dieta e presa variam conforme a área onde habita.

106-107 A baleia-corcunda pode ultrapassar 15 metros de comprimento e pesar até 45 toneladas. Esta espécie migra de sua região próxima aos pólos no verão para se alimentar na região quente tropical no inverno.

dos processos evolutivos. Por exemplo, muitas sementes de fynbos germinam somente depois da exposição ao calor intenso causado por fogo. A cada quatro a seis anos, uma grande quantidade de material orgânico das plantas se acumula, servindo como um "tanque de combustível" de incêndios naturais. Este processo resulta em combustão espontânea, com ciclos de 6 a 30 anos.

Esta foi uma das primeiras ecorregiões para as quais foram criados projetos de conservação. A WWF lançou e está atualmente implementando um Plano de Conservação com a participação das autoridades e organizações mais importantes da área. O envolvimento de parques e reservas naturais da região é fundamental. Estes parques e reservas incluem o Parque Nacional de Bontebok, criado para salvar os últimos bonteboks; o Parque Nacional da Costa Oeste, com suas importantes colônias de pingüins e outros pássaros marinhos; a espetacular Reserva Natural Cabo da Boa Esperança e o Parque Nacional de Pilanesberg, uma das reservas mais importantes, que ocupa 554 quilômetros quadrados. A área que sofre a maior ameaça é a planície fértil de Springbok Flats, onde calcula-se que 60% das terras foram convertidas para uso agrícola, enquanto somente 1% é preservado na Reserva Natural de Nylsvlei.

A África do Sul também pertence a um grupo de países africanos no qual a WWF e a organização ambientalista TRAFFIC (Trade Records Analysis of Flora and Fauna in Commerce) monitoram os negócios para evitar o comércio ilegal de espécies animais e vegetais, além de ser o enfoque de um programa de reforma econômica que promove o desenvolvimento sustentável.

109 em cima e no centro A Península do Cabo, na Província do Cabo Ocidental, ocupa a área da Cidade do Cabo até o Cabo da Boa Esperança. Sua costa recebe a arrebentação forte do oceano no lado oeste e águas mais calmas da Baía Falsa no leste.

109 embaixo As praias da África do Sul geralmente oferecem a imagem evocativa de grupos de pingüins passeando com seu movimento gingado pela areia ou nadando no mar. O pingüim-africano é a única desta espécie encontrada no continente. Sua distribuição coincide com as praias adequadas para a construção de ninhos e com a fria corrente de Benguela do Atlântico Sul, rica em peixes.

108-109 A vegetação de moitas da faixa litorânea do Cabo Ocidental é conhecida como "fynbos" ("arbusto fino"). O clima específico da área favorece este tipo de vegetação, que é bem similar ao do Mediterrâneo, apesar de ser constituída amplamente por espécies endêmicas sul-africanas.

110-111 A espécie "quiver tree" ou Kokerboom *(Aloe dichotoma)* é uma árvore solitária, de tronco grosso e galhos com várias bifurcações, que cresce nas regiões secas e rochosas da Namíbia e no norte da Província do Cabo, na África do Sul.

111 em cima, à esquerda A Rota Jardim é uma faixa da costa sul da África do Sul que apresenta um clima mediterrâneo, onde os fynbos e a floresta temperada formam uma paisagem excepcionalmente linda.

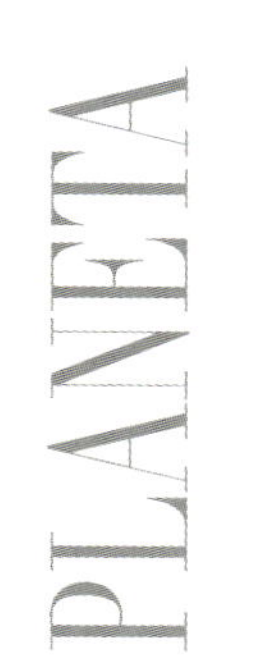

111 embaixo, à esquerda A distribuição de Asteraceae confere cor às pradarias a perder de vista. A riqueza da flora da Província do Cabo é famosa no mundo todo, com centenas de espécies de cada gênero.

111 em cima, à direita O blesbok (*Damaliscus pygargus phillipsi*) é logo reconhecido por seus chifres curvados, corpo marrom e lista branca no rosto. Mesmo correndo sério risco de extinção, a população está aumentando lentamente, graças aos grandes esforços de conservação.

111 embaixo, à direita Duas fêmeas de leopardo brigam na Reserva da Fauna de Mala Mala Game, próxima ao Parque Nacional de Kruger.

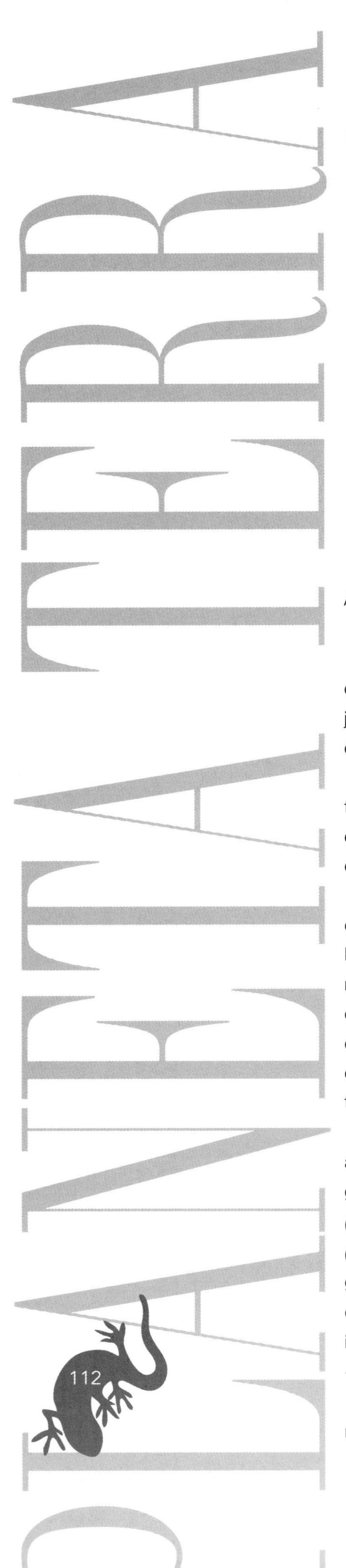

AS FLORESTAS E OS CERRADOS DE MADAGASCAR

"O vento da tarde se vai,
e a lua começa a brilhar
entre as árvores da montanha.
Vamos, que é hora da ceia."
Evariste De Parny

Madagascar é um país africano formado pela ilha de mesmo nome no Oceano Índico, na costa sudeste da África, a 400 km de Moçambique. Possui 1610 km de extensão e 563 km de largura.

Imagine-se imerso em uma paisagem avermelhada e caminhando em solo de laterita, rico em ferro, vermelho da cor de sangue. Imagine pontas de chão branco que se misturam ao mar, águas cristalinas e uma população jovem e amistosa, composta de 18 grupos étnicos diferentes, metade com menos de 14 anos de idade. Este lugar é Madagascar, a quarta maior ilha do mundo.

É um microcosmo independente que por si só parece um universo. Vive completamente isolado dos outros continentes da Terra há cerca de 165 milhões de anos. Este fato permitiu que o progresso seguisse por caminhos não explorados em outros lugares, tanto que quase todas as espécies (90%) animais e vegetais da ilha, incluindo 12.000 espécies de flores e quase todas as espécies de palmeiras, não são encontradas em outro lugar do mudo.

A ilha foi considerada "laboratório natural", ou "o oitavo continente", não somente pelo seu alto índice de endemismo, mas também porque possui uma ampla variedade de paisagens e climas, pois cobre uma vasta área. Na verdade, a predominância geral de contrastes de terra vermelha com um grande conjunto de paisagens florestais, que variam de florestas tropicais impenetráveis a matas temperadas de baobá e mato espinhoso. O platô central é caracterizado por colinas e montanhas com vales férteis, que permitem o desenvolvimento da agricultura e ficam cobertos por inúmeras plantações de arroz. A pesca e a caça são praticadas na costa leste com floresta densa, ao passo que o sul abriga áreas de savanas e pradarias, marcadas por opúncias (conhecidas como "raketa" em malgaxe, o idioma da ilha), com fazendas de gado concentradas na parte oeste da ilha.

A fauna que habita estas diversas paisagens também é bastante variada. Os mamíferos da floresta incluem todas as espécies de lêmures do mundo, dois terços das espécies de camaleão do planeta e inúmeras espécies de tartarugas e lagartixas. A fauna apresenta ainda muitas espécies endêmicas de roedores, incluindo o rato-gigante-malgaxe *(Hypogeomys antimena)*, que vive nas florestas de Kirindy; seis gêneros endêmicos de carnívoros, incluindo o fossa *(Cryptoprocta ferox)* e o gato-de-algália-malgaxe *(Fossa fossana)*; além de inúmeras espécies de morcegos e mangustos, incluindo o famoso mangusto-de-rabo-anelado (*Galidia elegans*). As florestas do oeste abrigam 15 espécies de lêmure, como o ai-ai *(Daubentonia madagascariensis)*, o lêmure-anão-de-orelha-peluda *(Allocebus trichotis)*, o indri *(Indri indri)*, o lêmure-peludo-oriental *(Avahi laniger)*, o sifaka-de-diadema *(Propithecus diadema),* o sifaka-de--Milne-Edwards *(Propithecus diadema edwardsi)* e o lêmure-dourado-de-bambu *(Hapalemur aureus)*.

Dentre as 165 espécies de aves registradas nas florestas do leste, 42 são endêmicas e muitas não têm representação em outras partes do mundo. Estas florestas abrigam várias espécies muito raras, incluindo a águia-serpente-de-Madagascar *(Eutriorchis astur)* e a coruja-vermelha-de-Madagascar *(Tyto soumagnei)*.

A floresta tropical abriga inúmeros répteis, como camaleões, lagartixas e cobras não venenosas, incluindo três espécies diferentes de boas, crocodilos e tartarugas. Além disso, é o habitat de uma fantástica variedade de anfíbios, com muitas espécies ainda aguardando uma classificação científica. É um mundo ao mesmo tempo muito antigo – conforme exemplificado pelos lêmures, os ancestrais dos macacos e do homem – e incrivelmente contemporâneo e capaz de se renovar, pois novas espécies são descobertas a todo momento, indicando que há muito ainda pra conhecer sobre a biodiversidade desta ecorregião.

Apesar da riqueza e potencial ainda não descobertos dos recursos de Madagascar, este ecossistema vive sob a ameaça do desmatamento. A floresta é derrubada e queimada para plantações, como de arroz, mandioca e milho.

Após dois ou três anos de cultivo, o solo fica estéril; depois, é abandonado e utilizado para pastagem. Assim, novas áreas são identificadas e a vegetação derrubada para o plantio, fazendo desaparecer novas áreas da floresta.

Este problema foi evidenciado em 1927, quando os colonos franceses de Madagascar começaram a estabelecer uma rede de parques e reservas nacionais para proteger o patrimônio natural do país e suas espécies ameaçadas. E a tradição continuou nas décadas seguintes. A WWF atua na África há 40 anos, com 128 projetos que envolvem 518 pessoas de seus escritórios e em campo. Em Madagascar, a WWF apóia os Parques Nacionais de Marojejy e Andringitra National e patrocina quatro Centros de Educação Ambiental, com cursos nos quais pessoas de todas as idades podem participar. A revista Vintsy da WWF é distribuída gratuitamente em todas as 1500 escolas de nível intermediário da ilha. Em 1998, as escolas plantaram aproximadamente 300.000 árvores durante uma campanha pela conservação da floresta. Com o apoio da WWF, 13 comunidades locais do Vale de Manambolo, no sudeste de Madagascar, começaram a cuidar sozinhas de suas florestas, elaborando uma série de políticas que definiram os territórios destinados ao uso sustentável.

A Floresta de Manambolo, na região sudeste da ilha, faz parte do corredor que liga os Parques Nacionais de Ranomafana e Andringitra.

Estas florestas abrigam uma ampla variedade de espécies animais, incluindo diversas raridades como o lêmure-de-rabo-anelado (*Lemur catta*), mas até pouco tempo atrás sua área estava diminuindo rapidamente, pois as florestas malgaxes eram controladas pelo governo e podiam ser derrubadas à vontade. No entanto, desde que o governo transferiu os direitos de exportação às pessoas, as comunidades locais também assumiram a responsabilidade pela proteção das florestas.

Os excelentes resultados deste projeto levaram a WWF a estender sua estratégia a outros vilarejos, com a esperança de que, antes que seja tarde demais, a ameaça causada pelo desmatamento recue e seja substituída pela magnífica vegetação, que renasce das cinzas, assim como a fênix.

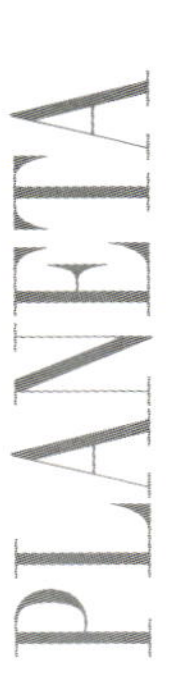

TERRA

AS FLORESTAS DE MADAGASCAR

114 em cima A Reserva Especial de Ankarana abriga antigas formações rochosas de calcário chamadas "tsingy" e um sistema abrangente de cavernas e desfiladeiros. Além disso, possui rios subterrâneos, alguns dos quais abrigam crocodilos.

114 embaixo Os mangues que cobrem a faixa litorânea invadida pela maré protegem o contorno da costa, filtram os sedimentos em direção ao mar e servem como abrigo para inúmeras espécies de peixe.

114-115 A região vulcânica fértil de Itasy, nas montanhas que cercam a capital Antananarivo, é famosa por suas atividades agrícolas, com produções de arroz, mandioca, milho, hortaliças, mamão e abacaxi, e pelo lago que leva o mesmo nome.

115 embaixo Os lêmures são espécies endêmicas de Madagascar e das Ilhas de Comoro e são considerados os antecessores dos macacos. O sifaka peludo é assim chamado por causa do som que emite quando está em perigo.

116 em cima Cerca de metade das espécies de camaleão do mundo vive em Madagascar, como o camaleão-de-Parson – uma das maiores registradas, que pode atingir até 64 centímetros de comprimento, incluindo o rabo. Além das cores turquesa e amarela, os machos podem ser facilmente reconhecidos porque parecem usar algo parecido com um capacete!

116 centro Esta perereca noturna é endêmica de Madagascar e pertence à família Mantellidae. Aparece em grande variedade, cobrindo as áreas de florestas tropicais de Masola até Kalambatrita, onde pode ser encontrada principalmente em poças d'água.

116 embaixo O lêmure-de-rabo-anelado é bem comum no sudoeste de Madagascar. É uma espécie diurna que, apesar de viver nas árvores, passa muito tempo no chão. Além disso, forma grupos com uma hierarquia muito rígida, comandada por uma fêmea.

116-117 Seis das sete espécies de baobá encontradas em Madagascar são endêmicas. Estas árvores armazenam água em seus troncos intumescidos e assim conseguem sobreviver durante o período sem chuva, antes de florescer e produzir grandes quantidades de néctar, o alimento favorito dos lêmures.

AS FLORESTAS TROPICAIS ÚMIDAS DAS ILHAS MALDIVAS, LAQUEDIVAS E CHAGOS

"Aquela mesma imagem, em todos os rios e oceanos.
É a imagem do incompreensível fantasma da vida..."
Herman Melville

Estes três arquipélagos, cuja ecorregião cobre aproximadamente 330 quilômetros quadrados, constitui o maior sistema de atóis do mundo. O Arquipélago das Laquedivas é o grupo mais próximo do continente asiático, localizado a, aproximadamente, 300 km da costa sul da Índia. A área de terra firme destas corresponde a 32 quilômetros quadrados e está dividida em 36 pequenas ilhas. Algumas delas são um pouco maior do que bancos de areia espalhados no mar e somente dez delas são habitadas. As Ilhas Maldivas, ao sul das Laquedivas, formam o maior arquipélago do Oceano Índico, com aproximadamente 1190 ilhas. Porém, este número oscila, já que as ilhas aparecem e desaparecem com as mudanças no clima e no nível do mar. As Ilhas Maldivas cobrem 330 quilômetros quadrados. Localizadas a aproximadamente 482 quilômetros ao sul das Maldivas estão as Ilhas Chagos, que não são habitadas, com exceção da Ilha Diego Garcia, que é utilizada como base militar dos Estados Unidos. O arquipélago é composto por mais de 50 ilhas, com área total de 78 quilômetros quadrados.

Ao voar sobre as Ilhas Maldivas, Laquedivas e Chagos, é possível ver a imagem de um "mar anelado", isto é, círculos brancos que se formam nas águas tranqüilas e cristalinas. Este espetáculo único foi construído com paciência pela natureza até atingir a perfeição delicada e geométrica de pequenos atóis. Muitas das ilhas ficam somente 5 metros acima do nível do mar, parecendo dissolver como pó sob uma fina camada de água quando vistas de cima.

Este grupo foi formado durante milhões de anos pela atividade vulcânica e por corais que cresceram na crista das montanhas submarinas de Chagos-Laquedivas. O Arquipélago de Chagos possui a maior extensão de recifes de coral do Oceano Índico. Além de seus cinco atóis, considerados os maiores do mundo, também apresenta duas áreas de recife elevado e vários grandes recifes submersos. Embora algumas das ilhas tenham pequenos lagos e reservatórios de água da chuva, a água doce é um recurso escasso que limita as possibilidades de vida. O índice pluviométrico varia de 1600 milímetros nas Ilhas Laquedivas a 3800 milímetros nas Maldivas.

Quando pensamos na riqueza natural destas ilhas, a vida multicolorida dos recifes de coral imediatamente vem à mente, e esquecemos a biodiversidade da vida terrestre. Porém, nas áreas onde o solo é suficientemente substancial, as ilhas são cobertas por espetaculares florestas tropicais, e nas áreas onde o solo é mais improdutivo, por arbustos que resistem à seca. As Ilhas Laquedivas abrigam também o cerrado dominados pelas espécies *Scaevola e Argusia*. As Ilhas Chagos, as menos modificadas do grupo, apresenta matas de *Ficus, Morinda e Terminalia*, coqueiros, vegetação baixa *Scaevola* e pântanos salgados. Os mangues nativos *(Bruguiera parviflora)* ainda permanecem relativamente intactos na Ilha de Mincoy, que ocupa 2500 metros quadrados de superfície.

A flora destas ilhas não apresenta endemismo significativo. As plantas são pantrópicas ou cosmopolitas, principalmente do Sri Lanka (44%), da África (28%) e da Malásia (25%). O número de animais terrestres é limitado nestas ilhas, pois a maioria das espécies é amplamente distribuída pelos outros atóis do Indo-Pacífico. Os únicos mamíferos nativos nas ilhas são duas espécies de morcegos frugívoros: a raposa-voadora-indiana *(Pteropus giganteus ariel)* e a raposa-voadora-variável *(Pteropus hypomelanus maris)*, ambas sob ameaça de extinção.

As ilhas são particularmente importantes para as aves reprodutoras, incluindo uma subespécie endêmica conhecida como garça-das-Maldívias *(Ardeola grayii phillipsi)*, a andorinha-branca *(Gygis alba monte)*, o fragata-menor *(Fregata ariel iredalei)*, a andorinha-de-nuca-preta *(Sterna sumatrana)*, a andorinha-de-asa-marrom *(S. anaethetus)* e a andorinha-de-crista-alta *(S. bergi)*. Uma colônia significativa de mergulhão-de-pata-vermelha *(Sula sula)* habita as Ilhas de Chagos.

Os atóis também abrigam duas lagartas *(Hemidactylus spp.)*, duas agamidas, incluindo a largarta mutável (*Calotes versicolor*), duas cobras *(Lycodon aulicus* e *Typhlos braminus)*, o camaleão-cobra *(Riopa albopunctata)*, a rã-de-cabeça-pequena, *(Rana breviceps)* e o sapo-grande *(Bufo melanostictus)*. Muitos animais invertebrados vivem nas ilhas, incluindo duas borboletas endêmicas *(Hypolimnas bolina euphorioides* e *Junonia villida chagoensis)*.

A maior parte da vegetação nativa foi destruída durante o século XIX e substituída por coqueiros e outros cultivos, incluindo banana, batata doce, manga, melancia, frutas cítricas e abacaxi. A introdução de animais domésticos, como gatos, galinhas, cabras, coelhos, camundongos e burros, mudou gravemente a fauna nativa. A coleção de pássaros e ovos como fonte de alimento para os moradores das ilhas, embora agora ilegal, ainda é muito comum. Os dois morcegos frugívoros endêmicos desta ecorregião também estão sob grave ameaça devido à caça, pois os fazendeiros locais acreditam que essas espécies causam danos às plantações, como as amendoeiras e mangueiras.

Outras ameaças à biodiversidade das ilhas são a poluição das fábricas, o aumento do trânsito de navios, com o risco de derramamentos de óleo, o esgotamento das reservas de água doce, o descarte inadequado de lixo e o abuso de bombas d'água e fertilizantes na agricultura. As únicas unidades de conservação nestes arquipélagos são os vários atóis das Ilhas Chagos, que foram designados como reservas naturais após o estabelecimento da base militar em Diego Garcia.

Um outro grave problema é o crescimento desenfreado da indústria do turismo, proibida somente em algumas ilhas protegidas, que provoca com freqüência a destruição da vegetação natural para tornar as ilhas "mais atraentes". Em várias delas o lixo orgânico é queimado, causando sérios efeitos na atmosfera.

O abuso da pesca está provocando efeitos negativos na saúde dos recifes de coral e na biodiversidade das ilhas. As mudanças no estilo de vida dos moradores das ilhas, como a produção de resíduos de plástico e alumínio, também trouxeram sérias preocupações sobre conservação, devido ao alto custo de descarte de resíduos. A situação é agravada pela mudança no clima global, que está provocando um aumento tanto no nível quanto na temperatura dos oceanos. Um descoramento grave do coral ocorreu em 1998, com taxas de mortalidade que atingiram 90% em algumas partes das Maldivas.

Por isso, muitos dos projetos para esta área estão concentrados no mar e em seus habitantes. Um deles, promovido pelo WWF Global Marine Programme, tem o objetivo de estabelecer a pesca sustentável até a próxima geração. A WWF também trabalha para a criação de uma rede de unidades de conservação marinhas bem gerenciadas e ecologicamente representativas, cobrindo pelo menos 10% dos mares do mundo, incluindo áreas distantes da costa.

120 em cima Após uma erupção explosiva que destrói o cone vulcânico, os corais colonizam as ruínas. O recife que se forma com o passar de milhares de anos cerca a área, constituindo o que se chama de um lago tropical.

120 centro *Atolu* é o nome que os habitantes das Ilhas Maldivas deram às formações de aspecto vagamento anelar criadas pelas ilhas, recifes de coral e lagoas tropicais. O recife de coral aparece tanto dentro quanto fora dos atóis, na área da lagoa e nas paredes externas cercadas pelo mar aberto. As ilhas são cobertas por uma magnífica vegetação tropical.

120 embaixo Uma garça cinza solitária na margem de uma lagoa cercada por recifes de coral espera por pequenos peixes e invertebrados na superfície para capturá-los com movimentos bem rápidos.

121 A "pedra com vida" de corais, que na verdade são animais com aspecto de árvore e esqueleto de calcário, cria imponentes formações submersas. O recife é um habitat único e colorido, com nível excepcionalmente alto de biodiversidade.

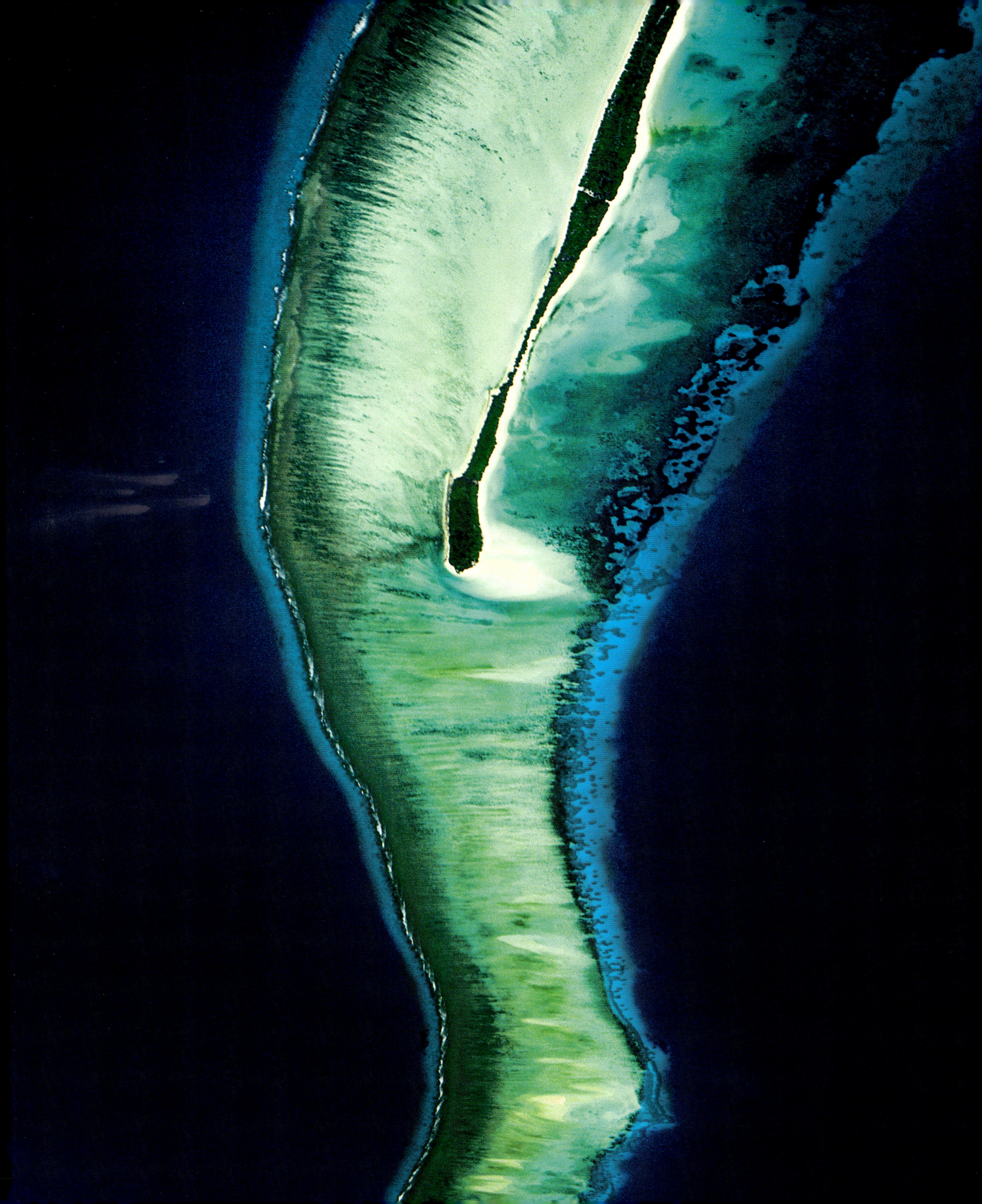

122 em cima As andorinhas brancas fazem seus ninhos nas Ilhas Maldivas e põem seus ovos em galhos finos ramificados ou entre as pedras na praia. Durante o namoro, o macho presenteia a fêmea com pequenos peixes capturados na lagoa de coral.

122 centro Com uma envergadura de asa de até 2,2 metros, o fragata é um voador especialista em roubar alimentos de outros pássaros do mar. Durante o namoro, os machos inflam uma bolsa vermelha que têm sob o bico.

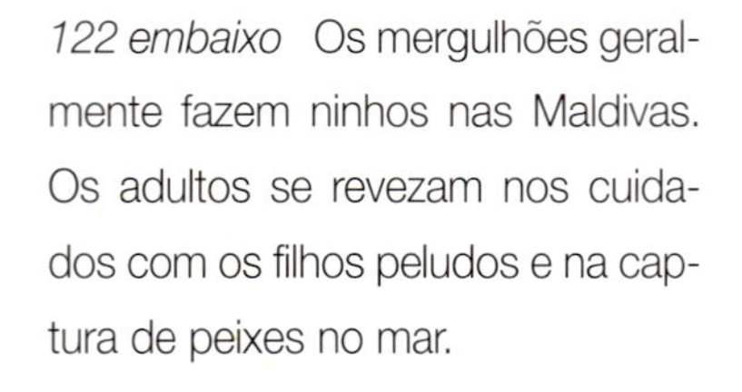

122 embaixo Os mergulhões geralmente fazem ninhos nas Maldivas. Os adultos se revezam nos cuidados com os filhos peludos e na captura de peixes no mar.

122-123 As exuberantes Ilhas Maldivas oferecem um contraste esplêndido com a beleza dos recifes de coral. Muitos pássaros marinhos fazem seus ninhos entre a vegetação, explorando os mares ricos em peixe para alimentar seus filhotes.

PLANETA

TERRA

AS FLORESTAS TROPICAIS ÚMIDAS DAS ILHAS MALDIVAS, LAQUEDIVAS E CHAGOS

124 em cima Embora se pareça vagamente com uma cobra, a enguia não possui dentes venenosos e nem forma caracóis. Durante o dia, esconde-se para capturar sua presa e, à noite, desliza até o fundo do recife para se alimentar de peixes e moluscos.

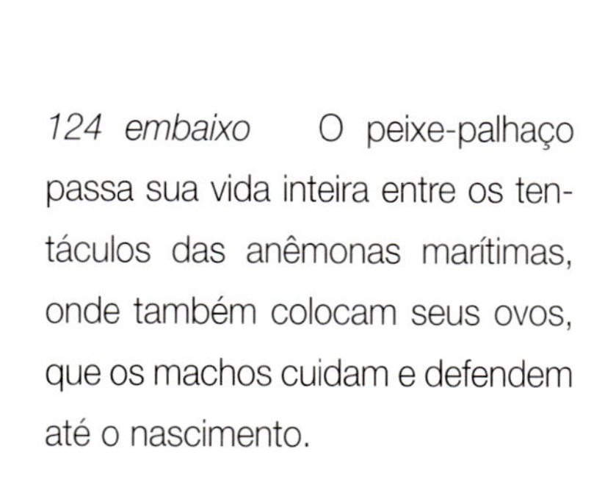

124 embaixo O peixe-palhaço passa sua vida inteira entre os tentáculos das anêmonas marítimas, onde também colocam seus ovos, que os machos cuidam e defendem até o nascimento.

124-125 Esta garoupa tropical encontra refúgio dos predadores entre o recife, mas também se camufla de sua própria presa, que a confunde com a formação de coral inofensiva.

125 embaixo Um cardume de Plectorhinchus curiosos se aproxima do fotógrafo. Estes peixes coloridos, comumente conhecidos como "lábios doces", formam grandes grupos para reduzir o risco de ataque de predadores.

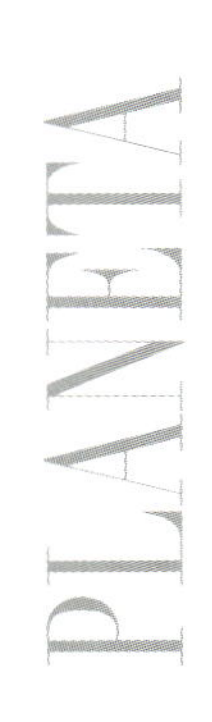

PLANETA TERRA

AS FLORESTAS TROPICAIS ÚMIDAS DAS ILHAS MALDIVAS, LAQUEDIVAS E CHAGOS

126-127 Os peixes acará-bandeira vivem em pares ou formam grandes grupos gregários. Quando jovens, são como limpadores, pois se alimentam de parasitas que ficam no corpo de outros peixes.

126 embaixo Como muitas outras espécies de peixe que vivem em recifes, o peixe-cirurgião azul geralmente vive em grandes cardumes, para reduzir o risco de ataque de predadores.

127 em cima A arraia-manta é um peixe cartilaginoso com barbatanas que parecem asas (medindo até 7 metros de comprimento de uma ponta à outra), que nada como se estivesse voando. Deixa a boca constantemente aberta, filtrando o plâncton, do qual se alimenta.

127 embaixo Jovens tubarões de recife vivem nas lagoas tropicais onde nasceram e se aventuram nas águas mais profundas fora dos atóis somente quando estão totalmente crescidos.

AS SAVANAS E PRADARIAS DE TERAI-DUAR

"No início dos tempos, todas as montanhas tinham asas
e podiam voar pra cá e pra lá.
Um dia, o deus Indra cortou suas asas, e elas continuaram esvoaçando,
como ainda o fazem hoje, pelos picos mais altos em forma de nuvens."
Antiga lenda do Himalaia

Localizada aos pés dos Himalaias, esta enorme ecorregião ocupa cerca de 34.700 quilômetros quadrados (aproximadamente duas vezes o tamanho do Havaí). É uma continuação da Planície Gangética e se estende ao norte até o Nepal, desde os Vales de Bhabar e Dun, ao leste até Banke e acompanha o Rio Rapti, incluindo os Vales de Dang e Deokhuri. Uma pequena parte chega até o Butão e termina cruzando a fronteira até os estados indianos de Uttar Pradesh e Bihar.

Definir uma região geográfica que abriga a maior concentração de algumas das maiores e mais impressionantes espécies animais do mundo (que estão também entre as mais seriamente ameaçadas de toda a Ásia) é uma tarefa árdua. As savanas e pradarias de Terai-Duar deveriam ser consideradas uma região muito favorecida ou desfavorecida? É uma área onde a natureza é particularmente abundante e onde o jogo antigo de seleção natural pintou gradualmente uma imagem de biodiversidade extraordinária? Ou é a cena de um jogo absurdo de roleta russa que, tiro após tiro, está eliminando os antigos exemplos veneráveis deste complexo mosaico de vida, que tornou esta região aos pés das montanhas mais altas do mundo uma reserva única de biodiversidade? De qualquer forma que considerarmos esta situação, e seja lá qual resposta tivermos para esta questão (se é que há uma resposta), bem-vindo às savanas e pradarias de Terai-Duar.

Esta ecorregião ocupa mais que 33.700 quilômetros quadrados entre o nordeste da Índia e as elevações montanhas do Nepal, em uma das áreas geologicamente mais dinâmicas da Terra. Aqui, a placa do subcontinente indiano, que se rompeu durante a fragmentação de Gondwana, o grande supercontinente do sul, chocou-se com a Ásia e a esta se uniu. A imensa pressão tectônica nas duas margens continentais causou deformações e sobreposições antes de levantá-las, dando origem à cordilheira mais jovem, alta e irregular: o Himalaia.

Esta região também é muito interessante sob uma perspectiva biogeográfica, pois constitui o ponto de encontro e sobreposição da fauna tropical típica da região oriental e a fauna de clima temperado ou frio da região paleártica. Na verdade, até a altitude de 2500 metros, as montanhas de Terai-Duar e do sul do Himalaia são dominadas por espécies tropicais de origem da Indo-Malásia ou da Índia, ao passo que mais ao norte a barreira montanhosa de 3000 quilômetros, que vai do Hindu Kush até Palmira, e o Himalaia abrigam a fauna de clima frio que se desenvolveu durante o Período Terciário em duas áreas distintas do Turquistão e Tibete.

A planície de Ganges e inúmeros outros cursos de água que surgem no Himalaia influenciam muito tanto as características físicas de Terai-Duar quanto seus habitantes (*Terai* significa "terra úmida").

Na verdade, a região abriga uma enorme variedade de habitats que se adaptaram a diferentes níveis de umidade do ambiente: de pradarias e savanas a florestas tropicais monçônicas. O clima é particularmente quente e úmido no verão, quando a temperatura muitas vezes atinge os 40°C. As enchentes monçônicas anuais provocam regularmente transbordamentos dos rios, fertilizando o solo com seu rico limo.

As pradarias desta ecorregião apresentam as maiores riquezas de espécies do mundo. São particularmente importantes porque são pradarias com vegetação alta, que são muito mais raras e estão muito mais ameaçadas do que as conhecidas pradarias de vegetação mais baixa e aberta, como as pradarias da América do Norte. Esta característica indica a presença de um solo rico em nutrientes, o que levou à conversão de quase três quartos da terra fértil para uso agrícola, que, por sua vez, resultou em rápida deterioração e erosão. As áreas que não foram ainda convertidas em cultivo abrigam algumas das espécies mais altas da família Poaceae: *Saccharum spontaneum, Saccharum benghalesis, Phragmites kharka, Arundo donax, Narenga porphyrocoma, Themeda villosa, Themeda arundinacea* e *Erianthus ravennae*. Outras espécies herbáceas menores incluem *Imperata ylindrical*, *Andropogon spp.* e *Aristida ascensionis*. Todas estas plantas desenvolveram grande robustez e resistência aos períodos de seca e de longas enchentes, e crescem de novo rapidamente assim que as condições ambientais favoráveis são restabelecidas.

Porém, a região de Terai-Duar não é totalmente dominada por pradarias, pois abriga uma sucessão alternada de habitats que formam uma paisagem em camadas ou estratos, com savanas seguidas por florestas sempre verdes e decíduas, florestas áridas e estepes, dependendo do nível de umidade. A cana-de-açúcar-silvestre *(Saccharum spontaneum)* é a primeira espécie a surgir na planície de limo exposto imediatamente após o término das enchentes monçônicas e constitui uma fonte muito importante de alimento para os grandes rinocerontes-de-um-chifre *(Rhinoceros unicornis)* e outros grandes mamíferos, como o elefante-indiano *(Elephas maximus indicus)*.

Hoje, o Parque Nacional Real de Chitwan, no sul do Nepal, abriga mais de 500 rinocerontes-de-um-chifre, correspondendo a aproximadamente metade de toda população estimada desta espécie. Além disso, é habitado pelo veado-chital ou veado-áxis *(Axis axis)*, que é a presa favorita do tigre-de-Bengala *(Panthera tigris tigris)*, uma das oito subespécies do tigre. Existem quatro Unidades de Conservação do Tigre (TCU - Tiger Conservation Units) na região de Terai-Duar. Este sistema de reservas é a área mais importante de todo o subcontinente indiano, planejado especificamente para a conservação do tigre. Porém, abriga também uma importante população de leopardo *(Panthera pardus)* e uma pequena população da rara pantera-nebulosa *(Neofelis nebulosa)*.

Após a temporada de enchentes, as águas recuam, deixando o solo coberto com lama. Este é o habitat ideal para a espécie *Saccharum benghalensis* e outras espécies herbáceas, que ficam curtas devido às pastagens intensas de inúmeros animais herbívoros, como a barasinga *(Cervus duvaucelii)*, um tipo de veado com chifres que parecem galhos, e o raro javali-anão *(Sus salvanius)*, espécie endêmica da região.

Um dos motivos que levou à inclusão de Terai-Duar entre os "200 lugares de preservação prioritária" é a diversidade específica de ungulados que habitam suas pradarias e florestas variadas, além da seu alto nível de biomassa. Em altitudes mais altas, o terreno aluvial dá lugar à floresta tropical decídua, onde é comum a árvore sal *(Shorea robusta)*, uma espécie tropical que pertence à família Dipterocarpaceae, de onde as gorduras vegetais são obtidas.

Três espécies de aves são endêmicas da região Terai-Duar: o gárrulo do Nepal *(Turdoides nipalensis)*, o prinia-de-cabeça-cinza *(Prinia cinereocapilla)* e o codorniz-de-arbusto-de-Manipur *(Perdicula manipurensis)*.

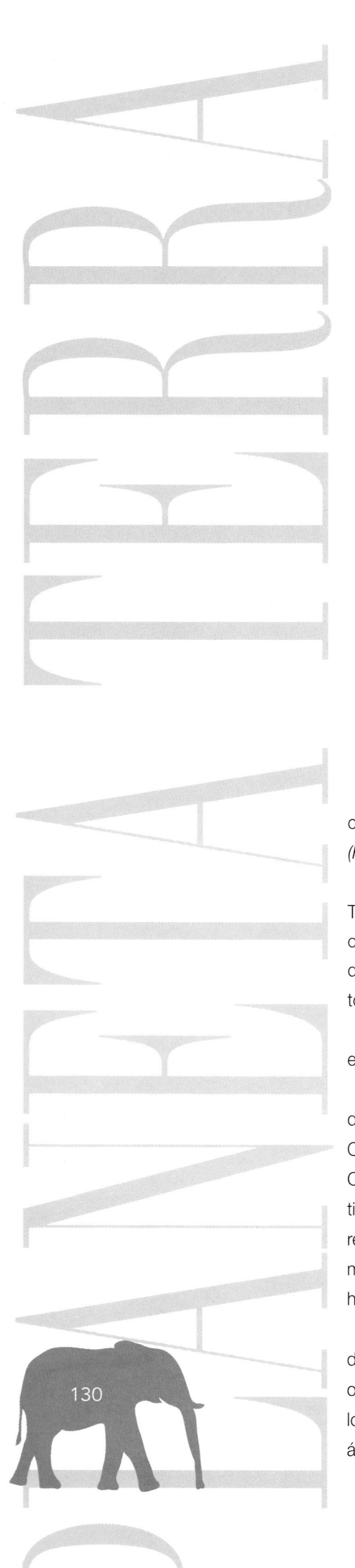

131 O tigre é um excelente caçador noturno. Começa a procurar a sua presa ao amanhecer ou anoitecer, e continua a noite inteira, se necessário. Assim que encontra a sua vítima, o grande felino pressiona seu corpo contra o chão, antes de atacá-la repentinamente.

Outros importantes exemplos de espécies de aves incluem a garça-média *(Mesophoyx intermedia)*, o cuco *(Cacomantis sonneratii)*, o caldeireiro *(Megalaima haemacephala)* e o papa-moscas-de-peito-vermelho *(Ficedula parva)*.

A WWF lançou inúmeros projetos de conservação em todo o Nepal, e particularmente na ecorregião de Terai-Duar, que incluem o recente acordo assinado em Catmandu, em março de 2006, pelo Comitê Ev-KÇ-CNR com a colaboração da WWF Nepal para a conservação de espécies em risco da área do Parque Nacional de Sagarmatha (Monte Everest). Com este acordo, as duas organizações uniram forças para estudar, monitorar e proteger o grande leopardo – o felino que sofre a maior ameaça de extinção – e sua presa.

Um dos mais importantes esquemas de conservação é o Terai Arc Landscape Project, lançado em 2003 em uma região entre Butão, Índia e Bangladesh.

A área envolvida não é somente uma dos "200 lugares de preservação prioritária", mas também uma das paisagens de prioridade do fundo Save the Tiger e abriga dois locais de Patrimônio Mundial da UNESCO. Ocupa 22.288 quilômetros quadrados e inclui quatro unidades de conservação: Parsa Wildlife Reserve, Royal Chitwan National Park, Royal Bardia National Parke a Royal Suklaphanta Wildlife Reserve. O projeto conscientizou a população local e a envolveu em ações de prevenção bem sucedidas de repressão à caça. Além disso, restaurou 536 hectares da floresta, começou a criar corredores naturais entre as unidades de conservação por meio de esquemas de regeneração e reconversão e atingiu o gerenciamento sustentável de mais de 242 hectares de áreas de pasto.

O Terai Arc Landscape Project envolveu uma série de atividades tanto dentro quanto fora das unidades de conservação, com o objetivo de conservar o meio-ambiente e suas espécies selvagens – principalmente os rinocerontes de um chifre, mas também o tigre-de-Bengala e o elefante-indiano. No Nepal, as comunidades locais ajudam a WWF a manter a integridade dos corredores naturais nas florestas, que são as principais áreas para a sobrevivência do tigre.

PLANETA TERRA

132 em cima O longo focinho do falso crocodilo-da-Índia, ou tomistoma (do grego "boca afiada"), evoluiu como conseqüência de sua dieta especializada, que consiste principalmente de peixes.

132 centro O cervo-sambar é um tipo de veado noturno e muito solitário. Os adultos possuem chifres pontudos bem desenvolvidos. Durante a época de acasalamento, reúnem um pequeno harém de fêmeas ao redor.

132 embaixo Embora o aspecto do elefante-indiano seja diferente dos outros tipos africanos, seu comportamento é similar. Vive também em grupos de 8 a 20 membros, conduzidos por uma matriarca, e se alimenta de grama, frutas e cascas.

132-133 Os rinocerontes-indianos se escondem nas selvas pantanosas do norte da Índia. Diferenciam-se das espécies africanas pela presença de um chifre no focinho.

134 em cima O panda vermelho se alimenta, à noite – com bambu, frutas, folhas, raízes e, ocasionalmente, de insetos e pequenos vertebrados – e dorme durante o dia. Este pequeno carnívoro está na lista das 100 espécies que correm o maior risco de extinção.

134 embaixo O leopardo-da-neve ruge muito alto quando está com raiva. Acredita-se que esta espécie seriamente ameaçada vive entre a região centro-sul da Rússia, Palmira, Tibete e o Himalaia, provavelmente seguindo ao norte até os Montes Altai e Sayan, Mongólia e China ocidental.

135 à esquerda O veado-chital é ágil, possui inconfundíveis pêlos avermelhados com pintas brancas, comum nas regiões do Sri Lanka e da Índia. Sua dieta consiste principalmente de grama, embora se alimente também das partes mais macias das árvores.

135 à direita O urso-preguiça possui pêlos longos e abundantes, além da marca branca distinta em "V" em seu peito. Seu focinho grande, lábios expostos e a falta dos dentes incisivos superiores são adaptações à sua dieta específica, constituída principalmente de formigas e cupins.

OS MANGUES DE SUNDARBANS

"A Índia é um termo geográfico.
Não é uma nação do Equador."
Winston Churchill

Situada ao longo da costa de Bangladesh e da Índia oriental, esta ecorregião ocupa aproximadamente 3.600 quilômetros quadrados. É limitada ao norte pelos distritos de Bagerhat, Khulna e Satkhira; ao sul, pela Baía de Bengala; a leste, pelo Rio Baleshwar (ou Haringhata) e os distritos de Perojpur e Barisal; e a oeste, pelos Rios Raimangal e Hariabhanga, que fazem parte da fronteira de Bangladesh com o estado indiano de Bengala ocidental.

As florestas de Sundarbans correm o risco de se tornarem uma região fantasma. Centenas de anos de exploração de uma das áreas de maior densidade demográfica do mundo causaram grandes perdas de habitat e biodiversidade desta ecorregião. Ela está situada no imenso delta dos rios Ganges e Brahmaputra, cujos depósitos aluviais tornaram-no excepcionalmente férteis e sofreu tanto com a expansão constante da agricultura, que é impossível imaginar a composição original da área.

As florestas litorâneas de Sundarbans, que crescem em áreas de água salobra e ricos sedimentos, são principalmente constituídas por mangues, e surgem como uma vegetação baixa com clareiras. Os mangues são árvores e matas sempre verdes, cujas raízes aéreas (pneumatóforas) saem da lama para absorver oxigênio – o que as torna perfeitamente adaptadas aos habitats pantanosos de água salgada.

A água desta região é sempre salobra e regenerada durante a temporada de chuvas, quando a água doce dos rios Ganges e Brahmaputra transborda as poças de água salgada que se formam entre os mangues, depositando uma camada de sedimento. Esta forma de "reciclagem" é essencial para o metabolismo e a saúde do ecossistema.

A época de monções, de junho a setembro, é marcada por chuvas freqüentes e, muitas vezes, violentas. A Baía de Bengala é repetidamente castigada por tempestades e ciclones, que destroem vilarejos e paisagens naturais. O índice pluviométrico anual pode chegar a 3500 milímetros e a temperatura pode atingir 49°C, deixando a área tão úmida, que é praticamente inabitável.

Embora seja impossível ter certeza da composição original desta ecorregião e embora saibamos que vegetação não está mais escassa do que no passado – mas mais fragmentada – uma variedade de espécies típicas de Sundarbans (além dos mangues) não pode ser identificada, como *Heritiera minor*, *Xylocarpus moluccensis*, *Bruguiera conjugata*, *Avicennia officinalis*, *Sonneratia caseolaris*, *Pandanus tectorius*, *Hibiscus tiliaceus* e *Nipa fruticans* ao longo da costa.

A floresta tropical é a moradia do tigre *(Panthera tigris)*. Este mamífero se adaptou em termos comportamentais e ambientais ao habitat dos mangues e pantanais. Porém, exige proteção constante, pois o desaparecimento progressivo da floresta continua reduzindo suas chances de sobrevivência, que são agravadas ainda mais pela caça e invasão da área. A região de Sundarbans abriga atualmente 500 espécies de mamíferos, embora nenhuma delas seja endêmica, como o macaco-de-floresta *(Trachypithecus pileatus)*, o macaco-reso *(Macaca mulatta)*, a lontra-sul-indiana *(Lutrogale perspicillata)*, a lontra-anã-oriental *(Amblonyx cinereus)* e a grande civeta-indiana *(Viverra zibetha)*. A região também abriga o leopardo *(Panthera pardus)* e muitos outros pequenos predadores, como o gato-da-selva *(Felis chaus)*, o gato-leopardo *(Prionailurus bengalensis)* e o gato-pescador *(Prionailurus viverrinus)*.

Aproximadamente 190 espécies de aves foram identificadas nesta ecorregião, embora nenhuma delas seja endêmica, assim como ocorre com as espécies de mamíferos. Porém, várias delas são essenciais aos ecossistemas aquáticos por causa de seu papel como predadores, incluindo a águia-pescadora *(Pandion haliaetus)* e a águia-pescadora-de-cabeça-cinza *(Ichthyophaga ichthyaetus)*.

O habitat aquático abriga muitas espécies em risco que são o motivo central de projetos de conservação, como o boto-do-Ganges (*Platanista gangetica*) e três espécies de crocodilos: o crocodilo-persa *(Crocodylus palustris)*, o crocodilo-de-água-salgada *(Crocodylus porosus)* e o crocodilo-gavial-indiano *(Ghavialis gangeticus)*. Esta área é atingida por inúmeros problemas ambientais. A invasão e a perda de habitats – devido ao desmatamento e a outros fatores de destruição associados ao impacto humano – levaram à extinção de muitas espécies importantes da ecorregião, como o barasinga *(Cervus duvaucelii)*. Outras espécies, como o tigre e o gavial, estão desaparecendo rapidamente.

Derramamentos de óleo de navios que percorrem o rio até o Porto de Calcutá e a poluição das grandes áreas cultivadas – causada pelo uso de fertilizantes químicos, por exemplo – são apenas algumas das ameaças mais comuns e significativas à saúde do meio ambiente. O Rio Ganges é o sexto na lista WWF dos rios mais ameaçados do mundo. O desvio de mais de um terço dele em direção a Índia durante a época de seca pela Barragem Farakka – cuja construção em 1951 criou muita tensão (foi concluída em 1974) – esgota ainda mais os recursos hídricos nas áreas que não são mais cobertas pelo rio. Em 2004, o governo de Bangladesh acusou a barragem, construída pelo governo indiano, de ter causado a seca de mais de 80 rios. Além disso, a sobrevivência de muitas espécies vegetais destas regiões depende do nível de salinidade da água. A falta de água doce no Rio Ganges está provocando o avanço de uma frente salina que ameaça os peixes e os mangues, e tanto o tigre-de-Bengala quanto o boto-de-Ganges estão correndo risco de extinção. Em seu livro mais recente, *The Hungry Tide*, o romancista indiano Amitav Ghosh denuncia que, o que antes era um dos rios mais extraordinários do mundo, agora parece um simples ribeirão de maré baixa.

As atividades de conservação nesta ecorregião têm como objetivo principal identificar e proteger as espécies animais e vegetais remanescentes. Um dos projetos mais importantes está concentrado na conservação dos golfinhos do Rio Ganges e envolveu um estudo diligente para realizar um mapeamento preciso, estabelecendo critérios de distribuição deste mamífero de água doce. Um comitê para defesa dos golfinhos (Indian River Dolphin Committee) também foi criado. Elaborou-se um plano de ação para a conservação desta espécie em risco e um programa educacional com o intuito de aumentar a conscientização sobre o problema. O projeto também tem o objetivo de monitorar qualquer atividade que possa danificar o habitat e as condições de vida dos golfinhos.

Outros projetos foram estabelecidos para a conservação de espécies típicas, como o francolim-do-pantanal *(Francolinus gularis)*, além de tigres, crocodilos e gaviais, e vários outros programas de monitoração para avaliar a quantidade e a qualidade dos mangues que ainda restam.

138 em cima O macaco-de-barba--branca é endêmico de Ghats Ocidental, onde a serra ainda preserva suas florestas tropicais entre 88 e 1220 metros de altitude, que são o habitat típico desta espécie.

138 centro O elefante-pigmeu-de--Bornéu é um dos animais que mais correm risco no mundo porque a conversão das florestas em terras de cultivo está rapidamente levando esta subespécie à extinção.

138 embaixo O pitão-de-Ceilão é um réptil endêmico do Sri Lanka. Esta é a menor subespécie de pitão-indiano, que pode atingir extensão máxima de 3 a 3,5 metros.

138-139 A região de Sundarbans, no sudoeste de Bangladesh, é formada por uma grande quantidade de ilhas e ilhotas onde a água doce transportada pelos rios se mistura com a água salgada do mar, oferecendo condições ideais para o crescimento de enormes mangues altamente sugestivos.

PLANETA TERRA

OS MANGUES DE SUNDARBANS

140 em cima O grande rinoceronte-indiano habita as áreas pantanosas no norte do subcontinente indiano. Embora seja um animal pesado e forte, sua sobrevivência está correndo sérios riscos por causa da caça.

140 centro O cervo-sambar se alimenta de vegetação aquática, ao passo que a garça, de pequenas rãs. Ele é comum em todo o subcontinente indiano e sudeste da Ásia.

140 embaixo O gato-pescador está perfeitamente adaptado a habitats aquáticos, cujos recursos esta espécie explora com mais eficiência do que qualquer outra espécie felina. Sua dieta consiste de anfíbios, pequenos répteis e peixes, que tira da água com suas patas.

140-141 O tigre-de-Bengala gosta da água. Também pode ser encontrado em habitats pantanosos e entre os mangues de vegetação densa. A cada 3 a 5 dias precisa caçar para se alimentar e percorre até 19 quilômetros diários procurando presas.

AS FLORESTAS PANTANOSAS DE TURFA DA ILHA DE BORNÉU

"O programa de experimentação científica que
leva à conclusão de que os animais são imbecis
é profundamente antropocêntrico, pois valoriza a capacidade de
encontrar a saída de um labirinto estéril, ignorando
o fato de que, se o pesquisador que criou o labirinto
caísse de pára-quedas nas selvas de Bornéu,
ele ou ela morreria de fome em uma semana."
John Maxwell Coetzee

Bornéu (743.106 quilômetros quadrados) é a terceira maior ilha do mundo, cercada a norte e a oeste pelo sul do Mar da China, a nordeste pelo Mar de Sulu, a leste pelo Mar de Celebes e Estreito de Makassar, e ao sul pelo Mar de Java e Estreito de Karimata. A ilha é cercada, de leste a oeste, pelas Ilhas de Sumatra, Java, Sulawesi e Filipinas. A ecorregião das florestas pantanosas de turfa ocupa 70.000 quilômetros quadrados.

Por ser tão distante do resto do mundo, a Ilha de Bornéu passou muito tempo ignorada por comerciantes e imigrantes, que preferiam as rotas indianas mais agitadas e dinâmicas. Somente no século XVI é que exploradores e comerciantes espanhóis e portugueses chegaram à sua costa pela primeira vez, e logo depois os holandeses e ingleses, que comandaram a ilha do século XVII ao XX. A Indonésia foi considerada independente em 1949, e a Malásia, em 1957.

Hoje, a população de Bornéu é composta por dayaks não muçulmanos e malaios islâmicos, além de chineses e europeus. A ilha abriga uma variedade de tribos indígenas, cada qual com sua língua e cultura. O maior destes grupos nativos remanescentes é o Iban – no passado, tristemente conhecido como "caçadores de cabeça", e que agora adotou um estilo de vida mais tranqüilo, como fazendeiros e caçadores. Por causa de suas freqüentes invasões ao longo da costa – agora apenas para fins unicamente comerciais – são também conhecidos como "dayaks do mar". Vivem em morros e nas partes média e baixa da bacia de rios de Sarawak, em uma região do interior marcada por pântanos – alguns muito extensos – que inclui o Lago Mahakam e o Lago Kapuas e que se mistura à floresta tropical. Os vilarejos nativos foram construídos em lugares que tiveram sua vegetação removida com dificuldade, áreas constantemente ameaçadas pela invasão da floresta não explorada, que os indígenas chamam de Ulo, ou "mundo desconhecido". Este é um meio-ambiente muito intenso e complexo, difícil de explorar.

Por causa de seu tamanho e altitudes muito variadas, a Ilha de Bornéu foi dividida em nove ecorregiões, com áreas planas dominadas por florestas tropicais, mas também com montanhas, florestas de charneca, pântanos, mangues, regiões úmidas e brejos. Os dois últimos habitats pertencem à ecorregião de florestas pantanosas de turfa.

Os pântanos formam um labirinto em que o solo é tão macio que a impressão que se tem é de andar em cima de uma esponja. Esta cobertura do solo se deve à matéria orgânica que se acumula atrás dos mangues da costa. Com o tempo, estes bancos podem atingir 20 metros de altura, formando abóbadas de detritos de plantas. Entretanto, o subsolo onde a turfa repousa é pobre de nutrientes minerais, como o silício, e caracterizado pela

alta acidez. Apesar da escassez de nutrientes, os ecologistas conseguiram distinguir seis tipos de habitats, cada qual caracterizado por dúzias de espécies vegetais.

A Ilha de Bornéu é um verdadeiro paraíso dos naturalistas. Abriga o orangotango *(Pongo pygmaeus),* cujo nome significa "homem da floresta" no idioma malaio, e não é somente uma ecorregião com biodiversidade excepcionalmente alta, mas também uma das últimas fronteiras da ciência, pois é fonte de descobertas contínuas. Somente em 2006, 56 novas espécies animais e vegetais foram encontradas nesta região, ao passo que aproximadamente uma média de 3 novas espécies foram descobertas a cada mês nos últimos 10 anos. Muitas destas espécies, até então desconhecidas pela ciência, são realmente maravilhosas: um peixe em miniatura (o segundo menor vertebrado do mundo), com menos de 1 centímetro de extensão, que habita os pântanos de turfa de águas escuras altamente ácidas; seis espécies de peixe-de-briga-siamês, incluindo um que possui uma linda marca cinza azulada iridescente; um peixe-gato com dentes saltados e barriga aderente que o permite se fixar às pedras; e uma rã que vive em árvores que possui olhos verdes notavelmente brilhantes. Com relação às espécies vegetais, o número de descobertas de raízes de gengibre é maior do que o dobro do número total de espécies de Etlingera identificadas até o momento, e a rica flora de Bornéu conhecida pela ciência expandiu ainda mais com três novas espécies da família *Beilschmiedia*.

O fato de que este habitat foi formado recentemente significa que possui pouquíssimas espécies endêmicas, que incluem o morcego-de-Bornéu *(Hipposideros doriae)* e dois pássaros: o olho-branco-de-Java *(Zosterops flavus)* e o bulbul-de-bico-longo *(Setornis criniger)*. Embora este habitat seja diferente daquele da floresta tropical, a umidade que envolve os pântanos de turfa cria um universo labiríntico e diversificado, que abriga um número considerável de espécies animais e vegetais. Gibões e orangotangos vivem nestas florestas pantanosas, ainda que em baixo número, enquanto que os macacos-caranguejeiros *(Macaca fascicularis)* podem ser encontrados em grandes grupos próximos aos rios, que também é o habitat preferido do macaco-trombudo *(Nasalis larvatus)*, um macaco único de focinho grande endêmico de Bornéu. Aqui, esta espécie pode nadar, mesmo com a presença de crocodilos, e encontrar frutas e folhas, que compõem sua dieta.

A ecorregião também abriga muitas espécies de aves – mais de 200 delas foram catalogadas no Parque Nacional de Tanjung Putting, um grande pântano de turfa tropical em Kalimantan. O labirinto de cursos de água doce que se infiltram no pântano de turfa é habitado por um dos peixes de aquário mais raros e procurados, o aruana *(Scleropages formosus)*, além de lontras, gaviais falsos e crocodilos.

Conforme mencionado acima, Bornéu continua produzindo novas espécies. A mais recente e mais polêmica é o leopardo-nebuloso-de-Bornéu. Na verdade, os cientistas descobriram que este felino, que habita esta ilha e a de Sumatra, não pertence à mesma espécie encontrada no sudeste da Ásia continental. A nova espécie recebeu o nome de *Neofelis diardi*, para distinguí-la de seu "parente" continental *(Neofelis nebulosa)*, identificado pela primeira vez em 1821 pelo naturalista inglês Edward Griffith (1790 - 1858). Por mais de 100 anos ninguém percebeu que o leopardo-de-Bornéu era único. No entanto, isto foi comprovado, e as duas espécies diferem em tamanho, distribuição de suas marcas pelo corpo e até na cor de seus pêlos, que são mais claros no caso da espécie continental. Calcula-se que há entre 5.000 e 11.000 membros do leopardo-nebuloso-de-Bornéu nas florestas de Bornéu e entre 3.000 e 7.000 em Sumatra. Porém, são necessárias mais pesquisas para obter números precisos. Estes felinos habitam as vastas florestas das ilhas, desde as áreas costeiras até as regiões mais montanhosas do interior. Seus habitats favoritos, onde a maioria dos animais foi encontrada, são as florestas de planícies e as florestas tropicais das montanhas. Geralmente evitam áreas abertas com poucas árvores e são muito sensíveis aos distúrbios causados pelo homem. Alimentam-se de macacos e várias espécies de porcos e veados da florestas, que atacam no chão ou agarram dos galhos das árvores. Esta espécie também se alimenta ocasionalmente de aves e répteis (como o lagarto-monitor).

Mais de trinta espécies de palmeira foram descobertas nas florestas pantanosas de turfa, incluindo a palmeira-laca-vermelha *(Cyrtostachys lakka)*.

O desmatamento aumenta em Bornéu desde 1996 e agora atingiu uma taxa média de 20.000 quilômetros quadrados por ano. Os pântanos tropicais de turfa, que até alguns anos cobriam uma grande área de Sarawak e Sabah, foram reduzidos para cerca de metade do seu tamanho original. Felizmente, os pântanos em Brunei e Belait ainda estão intactos. As maiores ameaças são as queimadas, utilizadas para remover a vegetação da floresta, substituída pelo cultivo de árvores comerciais, como as que dão origem à borracha, óleo de palmeira e papel. Os pântanos de turfa são particularmente vulneráveis ao fogo, e durante as queimadas podem produzir grandes quantidades de finas partículas que contribuem para a poluição atmosférica de todo o sudeste da Ásia, chegando a atingir Bangkok. Muitos macacos-trombudos e inúmeras espécies desconhecidas de aves, répteis, anfíbios, primatas e outros mamíferos morreram com as queimadas ou logo após, por causa da falta de alimentos. Centenas de orangotangos que ficaram órfãos e os que sobreviveram às queimadas foram vendidos para o comércio internacional de animais, enquanto várias fêmeas foram até utilizadas para atender aos gostos de clientes de bordéis próximos à Tailândia.

Com o objetivo de preservar esta região, um sistema de 11 unidades de conservação foi estabelecido, cobrindo 4.300 quilômetros quadrados. Porém, o trabalho apenas começou. A conservação deste lugar tão distante é considerado como uma das prioridades globais. Conseqüentemente, no dia 12 de janeiro de 2007, os governos de três países de Bornéu (Brunei Darussalam, Indonésia e Malásia) assinaram uma declaração para a proteção desta biodiversidade de riqueza extraordinária. A WWF garantiu seu apoio na aplicação prática deste compromisso, que é importante não apenas para o futuro de plantas e animais, mas também para o nosso próprio futuro.

143 Os braços longos e fortes do orangotango e suas mãos em forma de gancho facilitam sua vida nas árvores. Sua forma de se movimentar pulando de galho em galho é conhecida como “braquiação”.

146-147 Vegetação densa, rios majestosos e paredes de trepadeiras: a selva impenetrável de Bornéu é ideal para animais sugestivos e misteriosos, como o elefante-pigmeu.

146 embaixo Picos de calcário impressionantes surgem no Parque Nacional de Gunung Mulu, que abriga o maior sistema de cavernas naturais do mundo, com partes que ainda não foram exploradas.

147 em cima Apesar de seu aspecto primitivo, as florestas do Parque Nacional de Gunung Palung estão entre os habitats mais seriamente ameaçados pelo desmatamento.

147 centro O Parque Nacional de Tanjung Puting é o refúgio de muitas espécies de primatas, incluindo orangotangos, que fogem das áreas transformadas em plantações para a produção do óleo de palmeira.

147 embaixo A *Rafflesia arnoldii* produz a maior flor individual do mundo (mais de um metro de diâmetro), mas não possui clorofila. Por isso, vive como parasita da linfa da planta hospedeira.

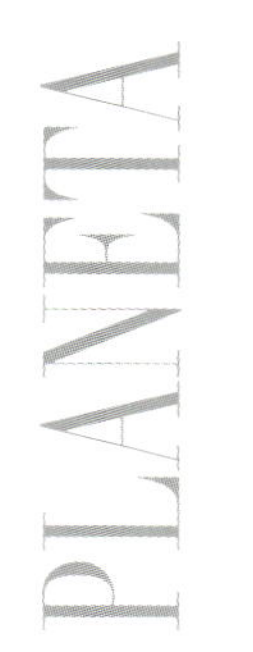

148 em cima O macaco-caranguejeiro é comum em boa parte do sudeste da Ásia, e por ser um excelente nadador, complementa sua dieta de frutas e folhas com caranguejos e camarões que captura nos rios.

148 embaixo Após o período de gestação de nove meses, a fêmea do orangotango normalmente dá à luz a um animal apenas, ao qual dedica atenção total. O filhote é totalmente dependente e se agarra aos pêlos da mãe durante a amamentação.

PLANETA TERRA

148-149 Os orangotangos são animais muito sociais. Durante a infância, a interação entre a mãe e o filhote é vital para que este aprenda como encontrar alimento, evitar o perigo e estabelecer relações sociais apropriadas.

PLANETA TERRA

150-151 A rã-voadora-de-Wallace é um anfíbio que vive nas árvores e que habita as florestas tropicais de Bornéu e da Malásia. Suas palmas e patas planadoras permitem deslizar suavemente pelas árvores ou até o chão.

151 embaixo A cobra-verde-oriental (*Ahaetulla prasina*) vive nas matas e áreas rurais e se alimenta de pequenos vertebrados: lagartas, pequenos anfíbios e pássaros. É um dos répteis mais procurados por colecionadores devido à sua beleza e elegância, mas não sobrevive muito tempo em cativeiro.

151 em cima As larvas da família Limacodidae de mariposas apresentam cores vivas, que representam um grande sinal de alerta, pois estes insetos possuem pêlos que picam, podendo causar forte dor em seus predadores.

A ESTEPE DE DAURIAN

"Na estepe, cada espécie da terra se curva sob o peso do céu.
Na estepe, tudo é plano, para dar espaço ao grande céu.
Na estepe, cada homem carrega o céu nos ombros."
Anton Quintana

A estepe de Daurian é uma grande ecorregião que cobre mais de 1.200.000 quilômetros quadrados da Mongólia, da China e da Rússia. Está cercada pela cadeia montanhosa semicircular de Khentii.

A estepe é uma área de campo com pouca – ou nenhuma – árvore ou vegetação baixa. Muitas vezes descrita como um lugar onde a solidão e a melancolia assumem grandes proporções, este ecossistema de vastas planícies ou planaltos é bem comum no mundo todo e pode ser encontrado nas regiões tropicais, subtropicais e temperadas. As áreas de gramados, que constituem a vegetação predominante, apresentam nomes diferentes, dependendo dos continentes onde estão localizadas e das culturas locais. Embora com freqüência muito diferentes em termos de clima e geomorfologia, são todas caracterizadas por uma paisagem plana e regular dominada por vegetação herbácea, como os pampas da América do Sul, os garrigues do Mediterrâneo, as pradarias na América do Norte, a estepe da Eurásia, o veld da África do Sul, a puszta da Hungria, o interior "outback" da Austrália, a savana africana, o chaparral da Califórnia etc.

A ecorregião da estepe de Daurian é um dos melhores exemplos de estepe e pradaria mais intactos, que formam um mosaico de grama e floresta que se estende ao longo da fronteira entre a Rússia e a Mongólia. Genghis Khan nasceu nesta região no século XII e tornou-a o centro de seu império. Seus herdeiros ainda vivem como se o mundo tivesse parado no tempo, suas vidas marcadas por movimentos lentos de rebanhos, compartilhando sua terra com enormes populações de grandes vertebrados.

A região apresenta muitos rios: Onon e Ulz estão entre os principais. A abundância de água propicia grandes áreas de florestas dominadas por lariços e amplas matas que misturam pinheiros e faias. A altitude média é de aproximadamente 1600 metros acima do nível do mar e a temperatura média anual gira em torno de 0°C. No inverno, a temperatura pode chegar a -20°C; no verão, nunca ultrapassam 25°C. O índice pluviométrico é baixo, a média anual raramente ultrapassa 150 milímetros.

Embora a maioria da vegetação da estepe da Mongólia seja bem comum localmente, existem também várias espécies ameaçadas. Na verdade, 15 plantas são consideradas raras e 8 endêmicas. Muitas delas são medicinais ou foram exploradas pelo homem de outras formas. Os nomes de várias destas espécies relembram suas origens, como *Rhododendron dauricum*, *Caryopteris mongolica* e *Adonis mongolica*.

A estepe de Daurian ainda preserva uma série de tesouros naturais excepcionalmente importantes e abriga espécies animais exclusivas. Alguns estudiosos alegam que as estepes da Mongólia oriental, incluindo suas áreas na China e na Russa, são um dos maiores habitats intactos do mundo. De fato, a presença e o impacto da humanidade são quase imperceptíveis na região.

As muitas espécies de mamíferos incluem a típica gazela-da-Mongólia *(Procapra gutturosa)*, que se parece muito com os pequenos antílopes da savana africana, embora seja um pouco mais forte. Seu pêlo é marrom, mas varia de tonalidade conforme a época do ano, garantindo boa camuflagem. Somente os machos possuem chifres, que são pretos e curvados. Durante o acasalamento, os machos também podem ser identificados por suas gargantas inchadas, fato que inspirou seu nome científico (*gutturosa* significa "garganta inchada" em latim). As gazelas passam o outono e o inverno nos frios campos de pastagem, alimentando-se de todas as espécies vegetais comestíveis bem cedo e ao anoitecer, e passam o restante do dia se protegendo do vento curvadas em pequenas depressões ou atrás de moitas.

As gazelas são animais muito rápidos (podem manter velocidades acima de 60 quilômetros por hora em longas distâncias). Além disso, nadam muito bem e seus pulos podem medir mais de 2 metros de altura. Sua resistência física e a procura por alimento propiciam a migração, quando atravessam longas distâncias na primavera e no verão, como os antílopes-africanos (por exemplo, o gnu). Estas migrações envolvem até 8000 animais, que conseguem percorrer mais de 240 quilômetros por dia. No mês de junho, os enormes rebanhos começam o verão se alimentando em novos campos e os primeiros nascimentos se iniciam, após o período de gestação de aproximadamente seis meses. Os filhotes passam os primeiros dias escondidos e sem se mexer, e começam a seguir o rebanho somente uma semana depois. A gazela-da-Mongólia não corre risco atualmente, mas sua família diminuiu significativamente nas últimas décadas. Esta espécie existe agora somente no oriente.

Os "reis" incontestáveis destas estepes são os grous. Estas aves são bem raras em outros lugares ou limitadas a áreas específicas, mas esta ecorregião abriga seis espécies diferentes: grou-de-pescoço-branco *(Grus vipio)*, grou-da-Manchúria *(G. japonensis)*, grou-comum *(G. grus)*, grou-pequeno *(Anthropoides virgo)*, grou-siberiano *(G. leucogeranus)* e grou-de-capuz *(Grus monacha)*. Todas estas espécies de grou são migratórias e se reproduzem nas estepes ou planícies abertas de todos os continentes. A maioria prefere locais abertos com boa visibilidade, enquanto outras espécies preferem também regiões úmidas próximas com água rasa. Os grous sempre tentam permanecer distantes das instalações humanas, pois sofrem com os distúrbios causados pelo homem, que ainda permanece profundamente fascinado por estas aves. De fato, os grous inspiraram mitos, lendas e tradições. Na Ásia, também exercem um papel bem definido em crenças religiosas, ao passo que na China são um símbolo de longevidade – a crença diz que são eles que levam as almas dos mortos para o céu. Entretanto, todas as 15 espécies de grou do mundo estão correndo riscos de vários níveis, constituindo, desta forma, uma das famílias de aves mais ameaçadas.

O carnívoro mais característico desta ecorregião é, sem dúvida alguma, o gato-de-Pallas *(Felis manul)*, um felino que possui o mesmo tamanho de um gato doméstico, de corpo volumoso e pêlos longos, espessos com listras cinzas. Por causa de seu pêlo comprido, antigamente acreditava-se que era o predecessor da espécie doméstica de gatos persas. O gato-de-Pallas geralmente habita as áreas semidesérticas e rochosas da Ásia ocidental, alimentando-se de outros vertebrados que captura utilizando as mesmas técnicas que seus "parentes" domésticos: habilidades, emboscadas e reflexos rápidos.

Nesta região habitada por povos nômades, o impacto da humanidade sempre foi relativamente limitado. Apenas nos últimos tempos é que vários grupos nômades se tornaram menos migratórios, passando vários

154 A estepe de Daurian é um raro exemplo de gramado intacto da Eurásia e abriga grandes rebanhos de mamíferos selvagens e uma rica comunidade de aves, incluindo seis espécies diferentes de grou.

155 A perda de áreas úmidas por causa do desenvolvimento agrícola e econômico é responsável pela redução no número de grous-de-pescoço-branco. Aproximadamente, 5500 a 6500 deles vivem no nordeste da Mongólia, China e algumas regiões da Rússia.

meses do ano próximos às cidades e aos vilarejos. Esta nova tendência levou ao desgaste excessivo do solo em várias áreas onde rebanhos muito grandes permanecem por longos períodos. Porém, esta é apenas uma das várias ameaças que atingem esta ecorregião frágil e exclusiva. A estepe, onde durante séculos o cavalo foi o meio de transporte mais comum e eficiente (ainda utilizado pelo serviço postal), encontra agora a ameaça da urbanização e as infra-estruturas associadas.

Como em qualquer lugar do mundo, a construção de rodovias promove não somente a mobilidade, mas também novas instalações, pois os sistemas de comunicação permitem hoje a criação de cidades em áreas de difícil acesso. Este fato leva a mudanças no uso do solo, e os povos nômades podem se tornar reprodutores ou negociantes de rebanhos sedentários, podendo até se tornar eventualmente "moradores da cidade", aumentando assim o impacto no delicado equilíbrio da estepe.

O atual sistema de unidades de conservação espalhadas em um território muito vasto ainda não é o suficiente para proteger a biodiversidade desta ecorregião. Conseqüentemente, a WWF criou um projeto para melhorar o gerenciamento do sistema destas unidades, com a meta a longo prazo de criação de um plano que possa conciliar desenvolvimento sustentável e biodiversidade com a participação e a colaboração dos vários países da Ásia central.

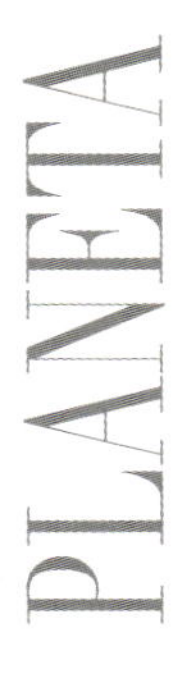

156 em cima O grou-da-Manchúria, considerado um símbolo de sorte e fidelidade, é uma das espécies mais raras de grou. Calcula-se que sua população selvagem seja menor que 2000. O sinal que tem na cabeça fica bem vermelho quando está bravo ou agitado.

156 centro Embora seu número esteja diminuindo em outros lugares, as populações de grou-pequeno da Ásia oriental estão estáveis ou aumentando.

156 embaixo Depois de chegarem às áreas onde vão passar o inverno, os grous-comuns começam um ritual complicado de dança, com o qual eles sincronizam seus ciclos reprodutivos.

156-157 O Vale de Orkhon está situado entre as montanhas e as florestas de lariço. Esta área possui muitos lagos e rios e ainda é habitada por povos mongóis nômades com seus cavalos, bois, iaques e ovelhas.

157 embaixo A gazela-asiática habita as regiões desérticas que se estendem da Mongólia ao Cáucaso, até a Ásia Menor.

A TAIGA SIBERIANA

"Sibéria: ocupa um duodécimo
da terra firme da Terra.
Ainda assim, essa é a única coisa
certa na mente.
Uma beleza fria e um medo indelével.
O vazio se torna obsessivo."
Colin Thubron

Esta ecorregião está localizada entre o Rio Yenisei e as Montanhas Verkhoyansk na Rússia. Ocupa 3.899.700 de quilômetros quadrados (cerca de 3 vezes o tamanho do Alasca), se estende por 20° de latitude e 50° de longitude.

"Taiga" é uma palavra russa que significa "floresta". A maior floresta do mundo, que incluía a Península Escandinava até o Canadá oriental, formava antigamente uma área contínua de mata verde que cobria uma grande parte do hemisfério norte antes de a humanidade começar sua luta pela sobrevivência "contra" a natureza. A taiga ocupa as áreas do extremo norte do planeta, separadas do pólo por um habitat até mais frio, com muito menos recursos: a tundra.

Embora a água esteja presente por todo este bioma, está congelada, e desta forma indisponível durante grande parte do ano, e a neve constitui a única forma de precipitação. Estes habitats são, então, dominados por plantas que desenvolveram recursos alternativos para resistirem ao frio e à falta de água por longos períodos: as coníferas.

A ecorregião da taiga siberiana ainda é uma das maiores florestas do mundo e um dos exemplos mais intactos deste bioma que se estende sobre vasta área. As árvores dos quase 4 milhões de quilômetros quadrados são principalmente de espécies que apresentam folhas finas como agulha, com predominância do lariço-russo *(Larix gmelini)*, concentradas em áreas de pouca neve.

A sobrevivência na taiga exige a habilidade de resistir ao frio e à solidão. De fato, o clima cruelmente frio e a escassez de recursos dificultam a sobrevivência de todos os organismos vivos, principalmente no inverno. Alguns animais hibernam durante o frio, enquanto outros migram para áreas menos inóspitas. Porém, várias espécies são forçadas a suportar as condições ambientais e, embora adaptações especiais possam ajudá-las a passar o inverno, a primavera permanece uma esperança para muitas delas.

A temperatura média permanece constantemente abaixo do ponto de congelamento por pelo menos 6 meses do ano, e durante o inverno a temperatura pode ficar abaixo de -51°C. As temperaturas mínimas no verão também ficam bem abaixo do limite de congelamento, enquanto que as temperaturas máximas raramente ultrapassam 20°C. O verão, se é que pode ser assim chamado, consiste de no máximo 100 dias sem gelo; é o único período, principalmente para as plantas, em que a água está disponível para uso. Este clima tão rigoroso não permite a explosão de formas de vida de grande riqueza, diversidade e abundância, como nas áreas tropicais e subtropicais. Porém, no verão, as populações destas poucas espécies que conseguem sobreviver nesta ecorregião se multiplicam, como no caso dos milhões de insetos presentes durante esta estação, embora pertençam a somente algumas espécies específicas. Milhares de aves de diferentes espécies se reproduzem aqui.

As espécies vegetais dominantes são de coníferas sempre verdes, que, contudo, não conseguem manter suas funções vitais durante o ano inteiro como as que vivem em climas mais quentes. Na verdade, as estações de transição, principalmente a primavera, são tão curtas que as árvores não teriam o tempo ou os recursos nutricionais necessários para mudar todas as folhas. Neste caso, o processo é diferente: as folhas e outras partes verdes das plantas, que são as únicas que conseguem usar a energia do sol para realizar a fotossíntese, devem ter condições de explorar esta energia assim que as condições climáticas começam a melhorar. Até os primeiros raios de sol do início de um dia de primavera são suficientes para começar a transformar dióxido de carbono em carboidratos nas escuras folhas sempre verdes, permitindo a produção de novas folhas, frutas e sementes, além dos galhos, já que a árvore cresce em direção ao sol. As árvores sempre verdes tendem a ser altas e mais finas, com galhos curvados para baixo, permitindo que a neve deslize para o chão, ao invés de se acumularem e romperem as árvores. Além disso, podem brotar e crescer próximas uma da outra, formando florestas densas, que protegem as árvores do frio e do vento.

A queimada representa uma grave ameaça às florestas de taiga. Uma de suas causas naturais é o relâmpago. Porém, as árvores apresentam casca relativamente grossa e geralmente conseguem sobreviver às queimadas de proporções limitadas. Por outro lado, o fogo afina os galhos, permitindo que a luz do sol chegue ao solo da floresta. Quando isso acontece, a vegetação rasteira, que normalmente é muito escura sob as folhagens, recebe energia necessária para o crescimento de novas plantas e arbustos, fornecendo novas fontes de alimento para os animais herbívoros.

Contudo, os relâmpagos não são a única causa das catástrofes desta ecorregião. Há muitas décadas, esta área foi devastada por um incêndio de grandes proporções, cuja causa permanece desconhecida. Às 7h17 da manhã (hora local) do dia 30 de junho de 1908, perto do Rio Tunguska, mais de 60 milhões de árvores de uma área de 2150 quilômetros quadrados foram destruídas por uma explosão que, mesmo não tendo deixado o menor vestígio de cratera, foi noticiada como ouvida a mais de 1000 quilômetros de distância. Várias testemunhas localizadas a 500 quilômetros dali alegam ter ouvido um ruído abafado e visto uma nuvem de fumaça no horizonte. Com base nas evidências reunidas, acredita-se que a força da explosão foi entre 10 e 15 megatoneladas (1000 vezes maior do que a bomba atômica que caiu em Hiroshima). A hipótese mais provável é que foi provocada por uma explosão aérea de um asteróide medindo 60 metros de diâmetros, a uma altura de 8 quilômetros da superfície da Terra.

Felizmente, esta ocorrência em Tunguska não provocou perdas humanas, pois a área era quase inabitada, mas seus efeitos foram amplamente sentidos. Uma chuva de fragmentos incandescentes atingiu um trem na ferrovia Transiberiana, a 500 quilômetros de distância. Uma série de distúrbios magnéticos também foi provocada, que atingiu os operadores de rádio de navios transatlânticos, cujos equipamentos pararam de funcionar inesperadamente. Em quase todas as partes do mundo, as pessoas perceberam que "algo havia acontecido" na Rússia. Nos dias após o incidente, um estranho brilho laranja iluminou o céu por milhas e milhas ao redor da área do incêndio, iluminando também a noite. Porém, a única indicação objetiva do extraordinário evento foi a alteração nos sismógrafos da cidade siberiana de Irkutsk, que registraram um terremoto moderado na região. Apesar de várias expedições científicas enviadas à área, incluindo algumas recentes, uma explicação definitiva ainda está para ser descoberta. Hoje, não há qualquer vestígio deste imenso fogo misterioso, nem ao menos árvores queimadas.

A taiga abriga uma pequena variedade de animais, mas os que existem na região possuem uma característica atípica em comum: são todos fortes e um tanto troncudos, com pescoços e pernas curtas ou longas e finas. Isso ocorre porque precisam manter o calor do corpo, e desta forma a superfície do corpo é limitada, resultando em animais troncudos com membros curtos ou pernas muito compridas e finas.

O carcaju *(Gulo gulo)* é um animal carnívoro e o maior da família Mustelidae (que inclui a lontra, a doninha e a marta), que pode pesar até 35 quilos. É troncudo, gordo, baixo e extremamente forte, capaz de se defender de predadores muito maiores, como os ursos. Como os alimentos são escassos em seu habitat, o carcaju leva uma vida solitária e nômade, percorrendo grandes distâncias em seu vasto território. É um caçador voraz, com dieta muito variada, que pode incluir também animais domésticos, animais em decomposição e plantas, se necessário.

O alce (*Alces alces*, Linnaeus 1758) é o maior membro da família dos cervos *(Cervidae)* e se distingue das outras espécies pelos chifres do macho, que crescem como feixes cilíndricos, projetando-se para os lados em ângulos retos com a linha média da cabeça, e dividindo-se como uma forquilha. A ponta mais baixa desta forquilha pode ser simples ou dividida em duas ou três outras pontas, com um certo achatamento. Nas subespécies siberianas *(Alces alces bedfordiae)*, a seqüência posterior da forquilha principal se divide em três pontas, sem achatamento distinto. No caso do alce-comum *(Alces alces alces)*, esta ramificação geralmente se expande em uma ampla estrutura espalmada que se parece uma colher, com a ponta maior na base, e várias pequenas ramificações na borda livre. As pernas compridas do alce conferem ao animal um aspecto desengonçado. Seu focinho é longo e corpulento, com somente uma pequena parte exposta abaixo das narinas. Os machos possuem uma bolsa peculiar, conhecida como "sino", que fica pendurada no pescoço. Seu pescoço curto não permite pastar e sua dieta principal consiste de brotos e folhas de salgueiro e bétula, além de plantas aquáticas. O peso médio do animal adulto é mais que 550 quilos, e as fêmeas geralmente pesam mais que 400 quilos. Os filhotes pesam cerca de 15 quilos quando nascem, mas crescem rapidamente. A altura dos ombros geralmente varia de 2,1 a 2,2 metros. Somente os machos possuem chifres, com extensão média de 160 centímetros e peso de aproximadamente 20 quilos.

Uma enorme região do habitat original da taiga siberiana ainda permanece. Parte desta área está localizada em unidades de conservação, incluindo as reservas naturais de Stolby, Olekminskii, Tugusskii e Tsentralno-sibirskii (Eniseisko-Stolbovoy uchastok), o Parque Nacional de Lenskie Stolby e inúmeros momentos naturais. Contudo, os especialistas enfatizam que a rede existente de reservas naturais não é suficiente para uma região tão vasta. De fato, a diversidade do ecossistema de taiga não está adequadamente representado, e as unidades de conservação são muito isoladas. Apesar de sua relativa integridade, principalmente devido à distância de várias áreas, muitas ameaças atormentam estas florestas, incluindo queimadas, caça e derrubada ilegal de árvores.

Existe também uma série de comunidades vegetais que exigem proteção imediata: *Pinus sylvestris*, *Duschekia fruticosa*, *Vaccinium vitis-idaea*, *Scorzonera radiata*, *Limnas stelleri*, *Picea ajanensis* e *Pinus pumila*, entre outras.

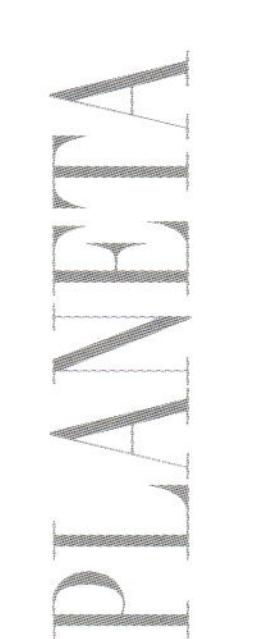

TERRA

A TAIGA SIBERIANA

164-165 Os chifres do alce macho caem após o ciclo de crescimento anual. No final do verão, o tecido vascularizado (conhecido como "veludo") que cobre os chifres descasca e o alce pode comer a pele que acabou de se soltar.

165 em cima A águia-dourada é uma grande ave de rapina, com envergadura de asa de até 2 metros. Suas espécies estão, agora, restritas principalmente às montanhas, devido às mudanças que ocorreram em seu habitat.

165 centro A coruja-diurna-do-norte constrói seu ninho nas árvores ocas da taiga. Esta ave habita amplamente todas as regiões boreais. Sua dieta consiste, principalmente, de pequenos roedores.

165 embaixo O arminho é um animal carnívoro que pertence à família Mustelidae. Seu pêlo grosso ajuda a sobreviver no clima frio da taiga siberiana.

166 em cima A estrutura física da Baía de Avachinskaya, cercada por amplas áreas de pântano do sudeste da Península de Kamchatka, garante sua proteção do clima rigoroso.

166 embaixo A reserva de Altaisky foi declarada Patrimônio Mundial da UNESCO. Aqui, o urso--marrom ainda encontra florestas virgens e campos onde pode se reproduzir.

166-167 A reserva de Kuznetsky Alatau, ao norte dos Montes Altai, inclui florestas de taiga conífera e, além do limite das árvores, campos montanhosos e a tundra.

O MAR DE BERING

"O gelo e as noites polares sob a luz da lua,
com todos os seus anseios,
parecia um sonho distante de um outro mundo – um
sonho que tinha surgido e desaparecido.
Mas valeria a pena viver sem sonhos?"
Fridtjof Nansen

A ecorregião do Mar de Bering se estende da costa do Alasca até a Rússia, passando pelas Ilhas Aleutianas, cobrindo mais de 1 milhão de quilômetros quadrados. Esta área incluiu o Estreito de Bering, entre o Cabo Dezhnyov, no extremo leste do continente asiático, e o Cabo Príncipe de Gales, no extremo oeste do continente norte-americano. O estreito tem cerca de 88 quilômetros de largura e entre 30 e 50 metros de profundidade, e une o Mar Chukchi (parte do Oceano Ártico) ao norte com o Mar de Bering (parte do Oceano Pacífico) ao sul. Seu nome é uma homenagem a Vitus Bering, navegador dinamarquês que trabalhava na Rússia e que o atravessou em 1728.

Durante o período glacial, o Estreito de Bering poderia ser cruzado a pé. Os asiáticos utilizaram esta ponte de gelo em várias ocasiões, sendo a primeira vez há 14.000 anos, para chegar ao continente americano e se espalhar em direção ao sul.

Desta forma, a ecorregião do Mar de Bering é uma área extrema, dividida e disputada por duas zonas muito diferentes. É caracterizada pela presença de mares, ilhas, costas, lagoas costeiras e gelo. A área é habitada por, aproximadamente, 100.000 nativos, chamados genericamente de Inuits ("comedores de carne crua"), ou antigos esquimós, que incluem os Aleut, Cupik, Yupik, Chukchi e Inupiat. A região testemunhou sucessivas ondas de "invasores" europeus, começando com os pescadores de baleia no século XVII, seguidos por exploradores no século XVIII e caçadores no século XIX. Porém, desde o fim do século XIX, o interesse econômico na região tem sido a exploração planejada de seus recursos naturais, incluindo depósitos de carvão e petróleo.

O desenvolvimento tecnológico, trazido à região pela ferrovia Transiberiana, mudou seu frágil equilíbrio, provocando um crescimento desmedido da população. Há séculos, a riqueza e a produtividade extraordinárias do Mar de Bering têm influenciado a vida e a cultura das pessoas que dependem deste recurso.

Este ecossistema apresenta um nível muito alto de biodiversidade. Embora as regiões árticas possam não ter uma grande abundância de seres, se comparadas a outras áreas do mundo, o Mar de Bering possui uma variedade surpreendente de habitantes, com mais de 450 espécies de peixe e 26 espécies de mamíferos marinhos.

A área abriga 70% da população mundial de focas-peludas-sententrionais *(Callorhinus ursinus)* e mais de 80% das fêmeas para reprodução de urso polar *(Ursus maritimus)*. A região ártica também é habitada por morsas *(Odobenus rosmarus)*. Este grande mamífero marinho pode ter até 4 metros de comprimento e pesar até 1400 quilos. Assim como a maior parte das formas de vida da região, a morsa desenvolveu adaptações especiais para o clima rigoroso. Seu perfeito sistema de controle de temperatura permite desviar o sangue às partes do corpo em contato com as superfícies geladas, evitando perda de calor, e pode ativar a circulação nas partes expostas ao sol, permitindo que o calor se espalhe ao restante do corpo. Seu tamanho garante poucos inimigos, entre eles a orca, o urso polar e, obviamente, o homem, o mais mortal dos três, que caça esta espécie para usar sua gordura e seus lindos dentes compridos de marfim. Apesar de ameaçada de extinção no mundo inteiro, a morsa ainda possui muitas colônias de reprodução no Mar de Bering.

Uma das áreas mais importantes desta ecorregião é o delta do Rio Yukon, no Alasca, que serve como área de reprodução para 750.000 cisnes e gansos selvagens, 2 milhões de patos e 100 milhões de saracuras, tornando esta área a maior concentração de aves marinhas em reprodução de toda a América do Norte. O barulho é, às vezes, ensurdecedor ao longo das costas rochosas, nas ilhas e ilhotas. Bandos de milhares de pássaros se reúnem e acasalam aqui durante o verão, quando os peixes e crustáceos são fartos. Porém, com a chegada da primeira neve no final de agosto, a maioria deles migra para o sul. Dentre os que permanecem estão: fulmar-glacial *(Fulmarus glacialis)*, ptármiga-das-pedras *(Lagopus mutus)* e ptármiga comum *(Lagopus lagopus)*.

A área também é excepcionalmente importante para as espécies vegetais e abriga a maioria das espécies de zostera, que cresce em áreas costeiras, de lagoas submersas e no fundo do mar, onde forma um tipo de grama com longas folhas que parecem fitas, produz cachos de flores e se propaga por reprodução vegetal, por meio de longos rizomas subterrâneos. As plantas fanerógamas exercem um papel fundamental na oxigenação da água e também servem de apoio para organismos animais e vegetais, fornecendo áreas com alimentos para larvas e jovens peixes.

Ao contrário de outros grandes ecossistemas marinhos – principalmente aqueles em que há grande produção de peixes, que têm mostrado sinais preocupantes de degradação e enfraquecimento nos últimos anos –, o Mar de Bering ainda exibe uma vitalidade extraordinária e apresenta as condições necessárias para evitar uma crise ambiental.

Porém, vários problemas também começam a ameaçar esta área. Os cientistas concordam que os efeitos das mudanças nos climas são dramaticamente visíveis nas regiões árticas, onde o descongelamento cada vez mais precoce do gelo está ameaçando espécies e ecossistemas inteiros. Outros sinais preocupantes foram detectados com a monitoração de populações animais: sete espécies de baleias correm risco, e a população de leão-marinho-de-Steller *(Eumetopias jubatus)* reduziu em 80% nos últimos 20 anos.

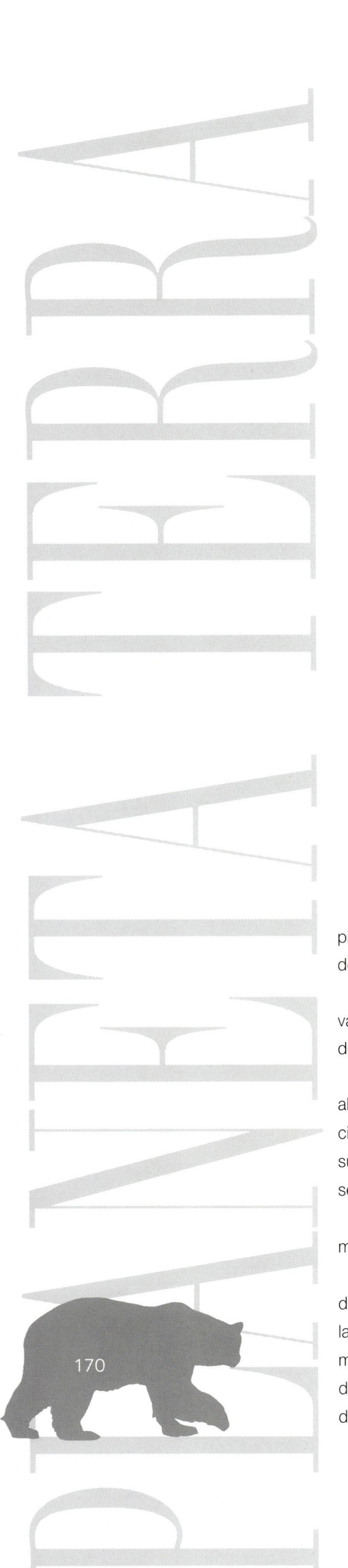

170 As Ilhas Svalbard, cujo nome significa "costa gelada", são amplamente cobertas de gelo, mesmo com a presença da corrente do atlântico norte amenizando o clima ártico e tornando o mar ao redor navegável durante quase o ano inteiro.

171 O urso polar habita toda a região norte do Ártico, que inclui o Canadá, o Alasca e a Sibéria. Ao contrário de outros mamíferos árticos, os pêlos do urso polar não mudam sua cor branca no verão. As reservas de gordura do urso o protegem do frio.

A situação é agravada por problemas de natureza comercial. Tanto os Estados Unidos quanto a Rússia exploram intensivamente os recursos de pesca da região, gerando um faturamento global de 600 milhões de dólares por ano.

Muitas espécies de caranguejos são exploradas em demasia, e seus números estão reduzindo significativamente ou desapareceram, enquanto as populações de arenque, antes a espécie dominante, estão definhando de forma dramática.

Outros problemas típicos da região incluem a introdução de espécies alóctones, poluição (relacionada às alterações no clima) e pesca de baleias. Um problema ainda mais sério é causado pelo acúmulo de substâncias tóxicas na gordura de grandes predadores, como nos ursos polares, baleias e no homem. De fato, muitas substâncias, como os poluentes orgânicos persistentes (POPs), foram encontrados não somente em animais selvagens, como também no homem.

Há, ainda, o problema da introdução e propagação de espécies que não são nativas, e ratos, raposas, medusas e outros organismos marinhos estão pagando um preço alto nos ecossistemas do Mar de Bering.

Há quinze anos, reconhecendo a grande oportunidade de desenvolver um plano estratégico para o futuro do Mar de Bering, e com o objetivo de conciliar a conservação da biodiversidade com os interesses das populações locais, a WWF e a Nature Conservancy (TNC) lançaram um projeto de grande escala que estabeleceu metas a longo prazo por meio da criação de parcerias locais e projetos temporários. O envolvimento de mais de 60 especialistas americanos, russos e japoneses permitiu a elaboração de um cenário em detalhes da biodiversidade da ecorregião e a identificação de 20 áreas de prioridade.

172 em cima Boa parte do Oceano Ártico fica coberta de gelo, com longos invernos e noites sem fim. Mesmo com dias mais longos no verão, as temperaturas não aumentam muito.

172 embaixo A ação erosiva do mar modela o gelo, criando esculturas que emergem da água. A área é utilizada pelas gaivotas-pardas para reprodução, espécie conhecida pelo tremendo barulho que fazem.

172-173 O Estreito de Bering possui aproximadamente 88 quilômetros de largura e separa o Cabo Deshnev, no extremo leste do continente asiático, do Cabo Príncipe de Gales, no extremo oeste do território norte-americano.

PLANETA TERRA

O MAR DE BERING

174-175 Um passeio de uma família de ursos polares. Esta espécie corre sério risco por causa do derretimento do gelo causado pelas mudanças no clima.

175 à esquerda A orca é um animal social encontrado nos oceanos gelados. Todos os membros do grupo participam da caça, e sua presa depende do estilo de vida: populações residentes se alimentam de peixes, e outras migratórias se alimentam de mamíferos marinhos.

175 à direita As baleias-brancas, ou belugas, são conhecidas pelos sons freqüentes e intensos que emitem. Vivem em grupos de 3 a 20 membros. No verão, estes cetáceos se reúnem em grupos de mais de mil perto de estuários e rios procurando por alimento.

176 em cima No inverno, o papagaio-do-mar macho exibe sua esplêndida plumagem, se preparando para o acasalamento. Nesta época, uma pluma amarela vistosa cresce acima dos olhos e depois cai no final do verão.

176 centro Os dentes compridos da morsa macho crescem durante toda a sua vida e podem chegar a 75 centímetros de comprimento. Após a promulgação do "Walrus Act" pelos Estados Unidos, que a Rússia também concordou em respeitar em 1956, a população da morsa no Mar de Bering aumentou de 40.000, em 1960, para 250.000, em 1980.

176 embaixo Uma lontra marinha comento um caranguejo. Esta espécie era caçada por sua pele luxuosa, com até 100.000 pêlos por centímetro quadrado, e agora é uma espécie ameaçada, segundo a IUCN.

176-177 Os arcos naturais e costas acidentadas ao redor do Cabo Pierce, no Alasca, oferecem espetáculos de rara beleza e abrigam espécies vegetais e animais únicas.

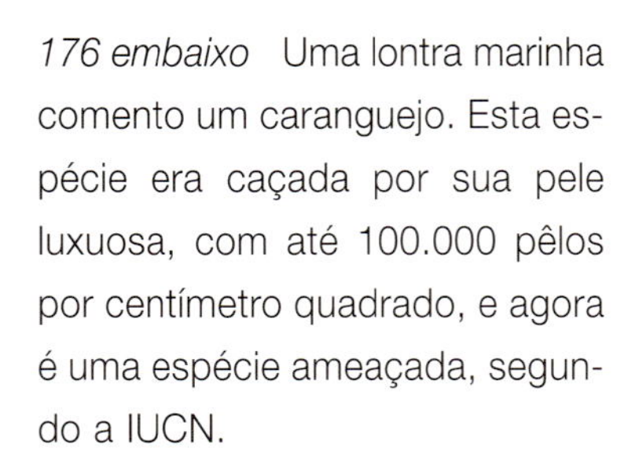

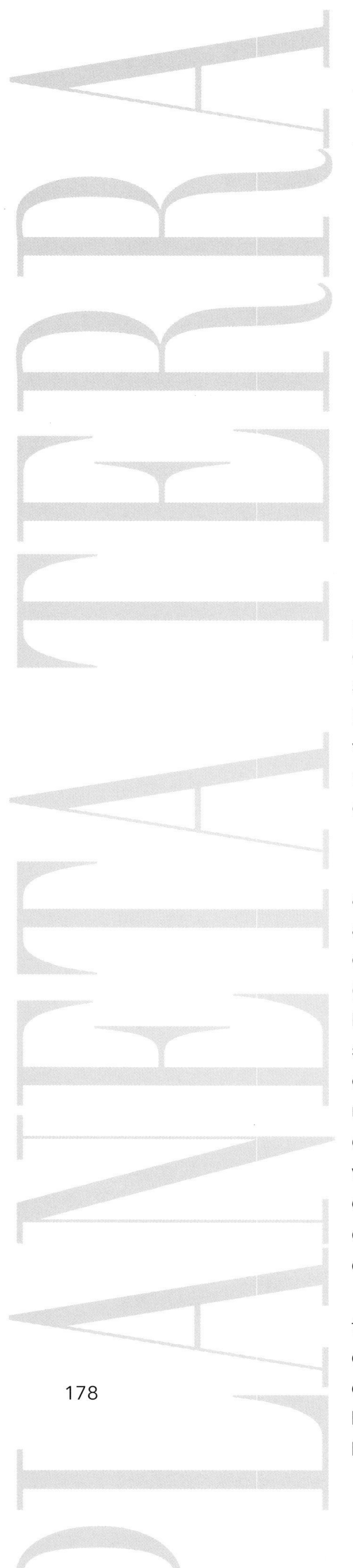

OS DESERTOS DO NOROESTE DA AUSTRÁLIA

"O homem criado em uma parte do deserto conhecia perfeitamente sua flora e fauna. Conhecia qual planta atraía a caça, sabia qual água beber. Sabia onde tinha tubérculos subterrâneos. Em outras palavras, ao nomear todas as 'coisas' de seu território, ele podia sempre contar com a sobrevivência."

Bruce Chatwin

Esta vasta região abrange os estados australianos do Território do Norte e a Austrália Ocidental e ocupa quase 800.000 quilômetros quadrados. É totalmente desabitada pelo homem. Dunas altas e paralelas de areia vermelha se estendem por centenas de quilômetros na parte oeste, e vastas planícies arenosas são interrompidas por baixas montanhas no leste. A maior e mais famosa característica da paisagem é o Monte Uluru, mais conhecido por seu nome em inglês, Pedra Ayers, um impressionante monólito de arenito vermelho com aproximadamente 350 metros acima da planície desértica ao redor. Constitui o último bloco restante de uma cadeia montanhosa remota que foi totalmente destruída. Esta pedra tem cerca de 2,5 quilômetros de extensão e um perímetro de aproximadamente 8 quilômetros.

Em 1873, o explorador inglês William Gosse deu este nome ao símbolo desta região em homenagem ao primeiro-ministro da Austrália do Sul, Sir Henry Ayers. Porém, em 1993, foi adotado também o nome aborígine tradicional de Uluru, reconhecendo o grande significado religioso da pedra para este povo e suas culturas. De fato, a morfologia e a corrosão da superfície de Uluru são explicadas pela mitologia de Dreamtime ("tempo do sonho"), fundamento da cultura dos povos indígenas australianos. Os estudiosos consideram as histórias desta mitologia como "mitos da formação" (em que este último termo significa, literalmente, "assumir a forma"), pois fornecem uma explicação sobre a origem do mundo e suas características geográficas e topográficas. Durante o "tempo do sonho", o mundo era sem diferenciações e habitado por figuras mitológicas, representadas como criaturas gigantescas com formas de plantas ou animais. Quando andavam, caçavam, dançavam ou simplesmente sentavam no chão, estes seres fantásticos deixavam seus vestígios no mundo físico. Desta forma, montanhas, vales, lagos, pedras, poços, rios e todos os outros recursos naturais assumem um significado sagrado na cultura aborígine, e não é surpresa alguma descobrir que o estilo de vida destas pessoas evita danos ao deserto e a seus recursos de qualquer forma. A paisagem, considerada como o verdadeiro "corpo" da natureza, é sagrada e intocável.

De acordo com Bruce Chatwin em *O Rastro dos Cantos*, as histórias do "tempo do sonho" foram transferidas de uma geração à outra como cantos, cada qual descrevendo o caminho da jornada original de uma criatura ancestral, e apresenta uma estrutura musical que corresponde à morfologia do território atravessado, como um tipo de mapa. Até hoje, cada grupo ou nação aborígine ainda preserva um certo número de histórias, pelas quais é responsável. Porém, os duplos efeitos da colonização e o sigilo das tradições infelizmente indicam que os antropólogos conhecem somente uma pequena parte da mitologia aborígine.

Assim como todas as regiões desérticas, esta região da Austrália apresenta chuva limitada e esporádica. A vegetação é esparsa e dominada por algumas espécies que se adaptaram às condições particulares de seu habitat. Estas plantas são principalmente arbustos esclerófilos, com folhas coriáceas ou espinhos. A espécie mais comum é a spinifex, termo utilizado para se referir a um grupo de gramas que formam moitas e que pertencem à família Triodia, com incrível adaptabilidade. Na verdade, estas espécies conseguem crescer em solo muito árido e pobre de nutrientes e resistem ao fogo. A spinifex representa cerca de 20% da vegetação australiana e compreende inúmeras espécies (mais de 60), que geralmente formam moitas densas hemisféricas com folhas que parecem arame, fato que originou o nome alternativo de "grama porco-espinho".

Durante o verão na parte sul, as temperaturas chegam a 40°C, mesmo nas cidades. Os invernos são geralmente muito curtos e um pouco quentes, com temperaturas que raramente ficam abaixo de 24°C. Para habitar esta ecorregião, as espécies animais aprenderam a se alimentar durante a noite, que é mais fresca. O bandicoot-de-orelhas-de-coelho ou bilby *(Macrotis lagotis)* é um marsupial onívoro, que passa o dia em tocas de até 3 metros de profundidade, que também servem para reprodução, e de onde sai para procura alimento à noite. Recebeu este nome por causa de suas orelhas compridas e grandes, que provavelmente servem como "radiadores", para obterem uma dispersão eficiente de calor – uma estratégia adotada por vários outros vertebrados. O mulgara *(Dasycercus cristicauda)* é um pequeno marsupial carnívoro ameaçado de extinção. Também é um animal noturno e faz tocas, que utiliza tanto como abrigo como para reprodução. Esta espécie pode acumular reservas de gordura na base de seu rabo que, assim, apresenta um formato distinto, parecido com uma pêra, mais largo perto do corpo e mais fino próximo à ponta.

Obviamente, a vida no deserto é muito difícil, e o equilíbrio natural é muito delicado. Qualquer distúrbio que altere as condições ambientais ou ecológicas às quais as espécies do deserto arduamente se adaptaram ao longo de sua evolução pode ameaçar seriamente sua sobrevivência. Conseqüentemente, muitas espécies desta ecorregião correm risco e 14 espécies de marsupiais são atualmente consideradas extintas, como o wallaby-de-casco-crescente *(Onychogalea lunata)*. Esta espécie pesava até 3,5 quilos e passava o dia escondido na vegetação, surgindo apenas para se alimentar de plantas ao anoitecer. Era comum em todas as áreas do deserto das Austrálias central e ocidental, mas desapareceu por volta de 1960, após um declínio muito rápido. Hoje, tudo que sobrou da espécie são desenhos e alguns exemplos empalhados em museus. Uma outra espécie de marsupial sobrevive somente em cativeiro: o wallaby-lebre *(Lagorchestes hirsutus)*, que desta forma também pode ser considerado extinto da vida selvagem. Depois, existem as

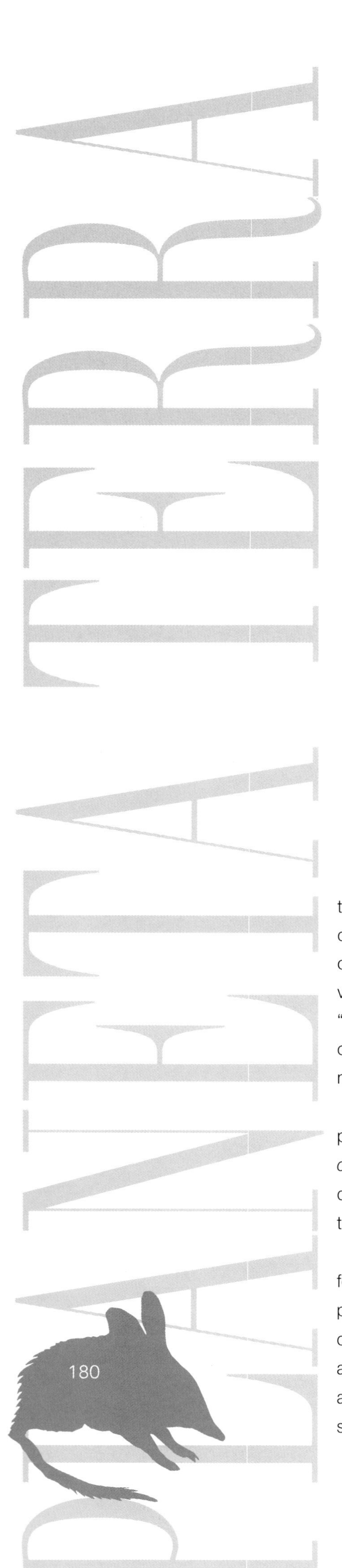

toupeiras marsupiais, que incluem a toupeira-marsupial-do-sul *(Notoryctes typhlops)*, que passa a vida toda debaixo da terra capturando insetos e outros invertebrados que vivem sob o solo, e várias espécies de aves, como o periquito-princesa *(Polytelis alexandrae)*, que atualmente é encontrado com mais facilidade em viveiros do mundo todo do que em seu habitat no deserto australiano. Porém, existe um bom número de "novas" espécies, como o wongai ningaui *(Ningaui ridei)*, um pequeno marsupial carnívoro que se parece com um rato e pesa apenas 14 gramas, que caça entre as moitas de spinifex à noite. Embora seja bem comum, não tinha sido mencionado pela literatura científica até 1975.

Ainda que a mesmice aparente das paisagens possa sugerir o contrário, o deserto esconde muitas surpresas e pode abrigar até um pequeno anfíbio, apesar a falta de água. A pequena rã-metálica *(Uperoleia micromeles)* é marrom com marcas mais claras nas costas. Passa o tempo todo debaixo da terra e sai somente durante as chuvas raras. Seus hábitos atípicos dificultam o cálculo do número de sua população e distribuição exata. Porém, a espécie não parece correr risco de extinção ou sofrer algum problema evidente.

Um dos problemas mais sérios dos desertos australianos são as espécies que não são nativas e que foram introduzidas pelo homem. Raposas, gatos e coelhos são agora comuns nestes habitats e rivais perigosos das espécies, que, embora bem adaptadas à vida no deserto, estão mal equipadas para lidar com a interferência. Por outro lado, as espécies introduzidas são fortes e se adaptam facilmente, podendo, assim, encontrar alimento tanto em habitats naturais quanto em instalações mais urbanizadas. Como estão acostumadas a viver próximas ao homem, não são perturbadas pela presença humana e, desta forma, conseguem sobreviver em condições de grande influência antrópica.

A fauna desértica também inclui os camelos árabes introduzidos, que formaram populações abundantes. Os dromedários selvagens são descendentes dos camelos domésticos importados do Afeganistão e utilizados em caravanas no deserto até aproximadamente 1920, quando foram substituídos por veículos motorizados. Como sempre acontece com as espécies importadas, estes camelos constituem uma grave ameaça para a biodiversidade do deserto, porque destroem a vegetação natural. Outras ameaças envolvem a expansão da pecuária e mineração. O turismo também começou a causar problemas nas últimas décadas, principalmente na área de Uluru.

O deserto é um habitat frágil que exige medidas de proteção com o objetivo de limitar as atividades que provocam a erosão de seu solo e esgotam seus recursos escassos. A conservação a longo prazo deste grupo tão característico e único de ecossistemas, espécies vegetais e animais, comunidades especializadas e endemismos, representa um desafio que um país avançado e civilizado como a Austrália não pode ignorar ou correr o risco de perder.

A vida das populações aborígines, embaladas pelas canções e crenças do "tempo do sonho", que ainda conseguem viver com a subsistência mínima oferecida pelo deserto depende das escolhas feitas pelos povos "ocidentais" – que são agora a população dominante em termos de número e força. Podemos, sim, ter a esperança de que o encontro de mundos tão diversos resulte em uma alquimia produtiva que consiga unir o respeito do aborígine tradicional pela natureza ao impulso por progresso das nações mais ricas. Desta forma, será finalmente possível continuar o nosso curso evolutivo sem danificar o lugar onde tudo começou: a Terra.

182-183 e 184-185 A Pedra Ayers, ou Uluru, é um monólito de aproximadamente 350 metros de altura e 8 quilômetros de diâmetro. Sua estrutura apresenta um forte significado religioso para os povos aborígines.

183 embaixo, à esquerda O bilby é um pequeno marsupial do deserto com longas orelhas que também servem como "radiadores" para dispersar o calor.

182 em cima A Austrália possui o maior número de cobras venenosas do mundo, mas a jibóia Woma não é uma delas. É um réptil noturno, alimenta-se de roedores e pode chegar a 1,5 metro de comprimento.

182 centro, à esquerda A pedra de Uluru é parte de uma formação rochosa subterrânea muito maior. Sua cor vermelha distinta se deve à oxidação do ferro contido na rocha.

182 no centro, à direita A pedra de Uluru possui inúmeras frestas e fissuras, algumas das quais se alargam e formam aberturas estreitas que podem levar meia hora para que sejam exploradas a pé.

182 embaixo O diabo-espinhoso, pequeno réptil endêmico do deserto australiano, se alimenta de formigas e está perfeitamente camuflado em seu habitat árido.

OS DESERTOS DO NOROESTE DA AUSTRÁLIA

183 embaixo, à direita A região do deserto que cerca a Pedra de Uluru, o nome aborígine da Pedra de Ayers, não está sem vida, como se poderia imaginar. Quando chove, os arbustos e as plantas herbáceas florescem, oferecendo um espetáculo de cores esplêndidas.

A GRANDE BARREIRA DE CORAIS

"Vida, em sua constante formação e destruição,
pra mim, parece nunca melhor adaptada ao olho humano
do que entre as sebes do chapim azul da aragonita
e a ponte de tesouro da Grande Barreira de Corais da Austrália."
André Breton

A Grande Barreira de Corais se estende por milhares de quilômetros ao longo da costa de Queensland, no nordeste da Austrália, do Cabo York a Brisbane.

Apenas um mergulho é suficiente para notar a fragilidade deste ecossistema, que é o resultado de processos lentos, complexos e incríveis que ocorreram durantes milhares de anos.

Os recifes de coral e atóis formam uma barreira impressionante, e muito delicada – um exemplo da maravilha das obras da natureza. Imersos em água transparente, os pólipos trabalham com dedicação e em silêncio, exigindo condições físicas específicas para o seu desenvolvimento, como águas rasas e limpas, temperaturas entre 18ºC e 30°C, um substrato sólido onde possam crescer, além de luz e salinidade. Porém, a combinação favorável destas condições é raramente encontrada, o que explica sua distribuição limitada e valor inestimável.

Considerada uma das maiores maravilhas naturais do mundo, a Grande Barreira de Corais, com seus peixes multicoloridos, se estende por 2300 quilômetros ao longo da costa nordeste da Austrália, em uma sucessão de 2100 recifes diferentes. Única em termos de biodiversidade, abriga aproximadamente 1900 espécies de peixe, 350 espécies de coral, mais de 4000 espécies de molusco e mais de 400 espécies de esponja. Foi declarada parque marinho nacional em 1975 e Patrimônio Mundial da UNESCO em 1981.

O coral, que apresenta uma extraordinária variedade de espécies, forma colônias constituídas por milhões de organismos individuais, conhecidos com pólipos. Cada um deles contribui para o crescimento da estrutura geral do recife, depositando uma camada de carbonato de cálcio sobre as camadas existentes. O coral pode ser considerado uma verdadeira comunidade, um tipo de família estendida, em que cada membro contribui para tornar sua casa maior e mais forte.

O esqueleto de cada espécie de coral é estruturado de maneira diferente. Assim, o crescimento varia de alguns milímetros até 15 centímetros. Mas mesmo dentro da mesma espécie o crescimento varia conforme as condições físicas do meio ambiente. É a combinação destes fatores que cria as diversas formas de recife e cores iridescentes e, conseqüentemente, a ampla variedade de habitats.

As algas monocelulares que habitam os tecidos do coral exercem um papel fundamental durante a formação de um recife. A fotossíntese realizada por estas algas fornece aos pólipos o oxigênio que precisam para a secreção do carbonato de cálcio. Sem as algas, os pólipos teriam que depender somente dos nutrientes presentes na água e a taxa de construção seria até 30 vezes menor. O momento de reprodução é uma

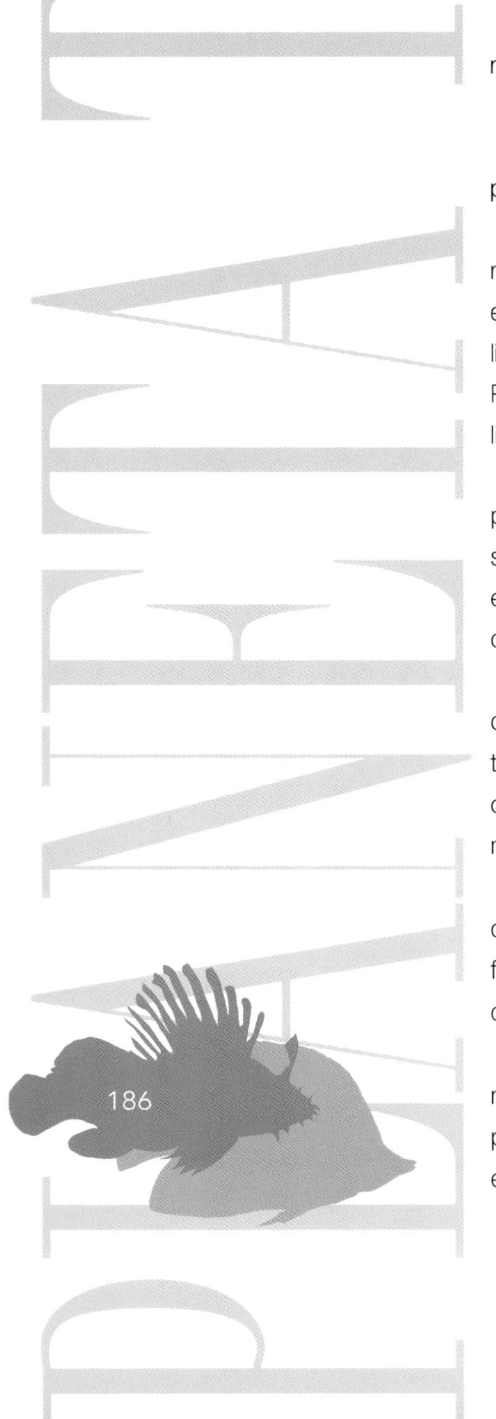

verdadeira festa, aparentemente caótica, quando então o trabalho de construção do recife, quase sempre silencioso e dedicado, se torna uma dança de procriação: os pólipos da colônia liberam óvulos e espermas diretamente na água nas noites após a lua cheia, onde rodopiam e giram como flocos de neve em uma tempestade.

Existem vários tipos de coral: os corais-moles *(Alcyonacea)* e os corais-sólidos, ou madréporas (madrepores), formados por um esqueleto externo calcário que mantém o tecido vivo, e por isso também conhecidos como "verdadeiros corais".

Atualmente, estima-se que a flora e fauna do recife sejam compostas de aproximadamente 1500 espécies marinhas tropicais conhecidas, além de muitas outras que ainda devem ser classificadas. A estrutura física complexa do recife de coral gera uma ampla variedade de habitats, que facilmente passam desapercebidos por qualquer tentativa de classificação e que guardam tesouros inestimáveis.

Cada um dos corais oferece alimento e abrigo a inúmeras espécies animais e vegetais, tornando o recife – além das florestas tropicais – o habitat com a maior biodiversidade do mundo. Corais, lesmas-do-mar, esponjas, polvos, tartarugas e peixes de beleza indescritível habitam as águas cristalinas desta parte do mundo, proporcionando uma explosão inesquecível de luz e cor.

As espécies deste ecossistema incluem o dugongo *(Dugong dugon)*, da família de Sirenia, que é o único mamífero marinho exclusivamente herbívoro e a única espécie sobrevivente da família Dugongidae, e o crocodilo-de-água-salgada *(Crocodylus porosus)*, que, com 6,5 metros de comprimento, é o maior réptil do mundo e o único crocodilo que sai dos estuários de rios para percorrer as costas marítimas.

Uma das experiências mais excitantes durante um mergulho é o encontro com uma tartaruga marinha. A Austrália abriga a maior população de tartarugas marinhas verdes do mundo, embora os números desta espécie tenham reduzido significativamente nos últimos anos, já que a carne da tartaruga tem sido consumida pelo homem. Mesmo com a venda da carne da tartaruga considerada ilegal, a espécie é muito procurada para o preparo da sopa clássica. Porém, a lista de espécies poderia ser infinita. O raro peixe-borboleta bicudo em formato de disco *(Forcipiger longirostris)*, por exemplo, nada entre os corais, utilizando seu focinho pontudo para afastar os pequenos pólipos. O peixe-palhaço de cores fortes *(Amphiprion spp.)* vive em simbiose com a anêmona-do-mar. Este peixe se esconde entre seus tentáculos que picam, para se defender de ataques; cobre-se com o muco do seu hospedeiro, ficando imune ao veneno que pode ser fatal a outras espécies. O peixe-cirurgião *(Acanthurus spp.)* é um habitante camaleônico do recife, que, trocando de cor, atrai peixes "mais limpos" que se alimentam do muco e células mortas de outros peixes.

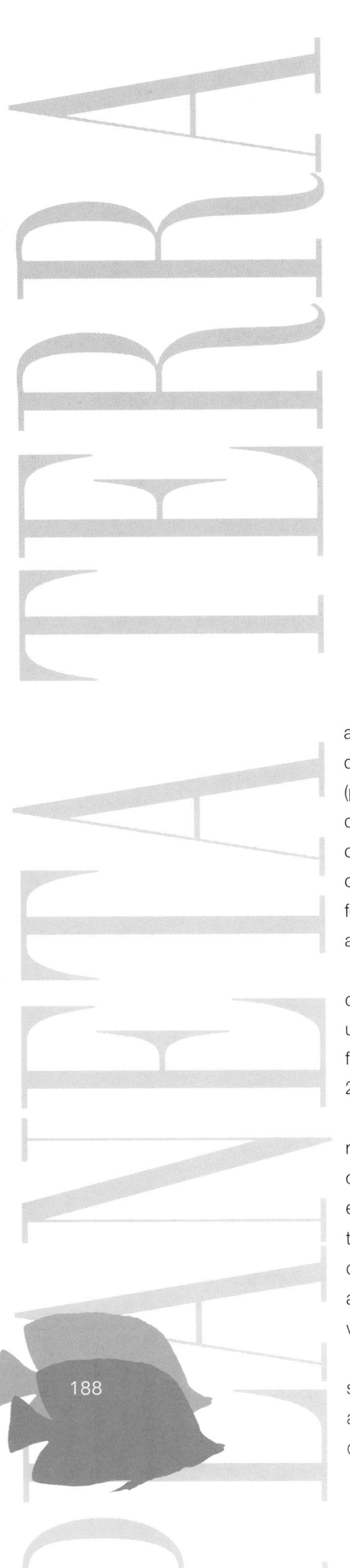

189 A Grande Barreira de Corais da Austrália é um dos ecossistemas com maior biodiversidade na Terra. Aqui, muitos organismos assumem dimensões gigantescas, como as gorgônias, que cobrem as paredes de recifes de coral por centenas de metros de profundidade.

A vida intensa na Grande Barreira de Corais é ameaçada por uma série de fatores que constituem ameaças muito reais para a sobrevivência do ecossistema. A primeira delas envolve a eutroficação (causada pela contaminação química da água), que é uma conseqüência direta do desenvolvimento da agricultura (por ex., o cultivo de cana-de-açúcar, que é particularmente comum nesta região). Calcula-se que milhões de toneladas de sedimentos químicos e compostos atinjam o mar todos os anos, infiltrando-se no recife de coral. Estes corpos estranhos aumentam a densidade da água e o nível de sedimentação, sufocando os recifes e reduzindo suas dimensões em termos de área (a reprodução de corais é interrompida e da mesma forma seu crescimento) e biodiversidade, pois a redução de número e disponibilidade de refúgios provoca a morte de organismos que habitam os recifes.

A WWF não só trabalha incessantemente para a criação de unidades de proteção junto às autoridades do parque marinho, mas também tem desenvolvido projetos de conservação a médio e longo prazos com uma série de atividades locais concretas há muitos anos. Um dos mais recentes, lançado após a 7ª Conferência das Partes, como parte da Convenção da Diversidade Biológica realizada na Malásia em abril de 2004, tem como objetivo conservar corais, mangues e tartarugas-marinhas.

Um novo projeto também foi iniciado em julho de 2004, com o objetivo de incorporar um papel de maior responsabilidade e envolvimento com a WWF Austrália na conservação do recife. Este projeto, que foi concluído em fevereiro de 2006, identificou uma série de pontos principais associados a ameaças específicas e desenvolveu atividades para impedir os perigos que afetam o fundo do mar deste ecossistema. Os projetos incluem ainda o Plano de Proteção da Qualidade da Água do Recife, cujo objetivo é melhorar a qualidade da água dos recifes próximos à costa, a extensão do Parque Marinho da Grande Barreira de Corais e ampliar internacionalmente o conhecimento ligado a este ecossistema por meio da rede WWF e o desenvolvimento conseqüente dos melhores métodos de proteção.

Existem também programas mais específicos, como o projeto dos Mares Tropicais, com enfoque exclusivo nos mares, lançado em janeiro de 2003 e que deve continuar até junho de 2010. É fundamental manter a água limpa, porque as algas precisam da luz do sol para sobreviver; os corais e seus habitantes precisam das algas e a humanidade precisa de ambientes naturais saudáveis e favoráveis.

190 acima A Grande Barreira de Corais parece um tracejado complexo quando visto de cima. As formações de corais, atóis e lagoas variam de cor conforme a profundidade do oceano. O recife de 2000 quilômetros de extensão cobre uma boa parte da costa de Queensland.

190 centro Em Cairns, a Grande Barreira de Corais fica a mais de 40 quilômetros da costa, formando um tipo de barreira natural contra o mar aberto.

190 abaixo, à esquerda A pouca distância da costa de Queensland, as Ilhas Whitsunday formam um grupo de mais de 70 ilhas descobertas pelo Capitão James Cook em 1770.

A GRANDE BARREIRA DE CORAIS

190 abaixo, à direta A floresta se estende até quase o mar, cobrindo as dunas de areia atrás da Praia de Maheno, na Ilha Fraser, na costa leste da Austrália.

191 O mar e a vegetação criam formas e tons bizarros nos atóis da Grande Barreira de Corais. Neste caso, as Ilhas de Capricórnio, que ficam no Trópico de Capricórnio.

192-193 e 193 em acima, à esquerda As gorgônias e os corais moles são apenas algumas das milhares de espécies de organismos que contribuem para a incrível biodiversidade da Grande Barreira de Corais.

193 em cima, à direita Assim como outros peixes de recife, o peixe-palhaço rosa desenvolveu uma relação de simbiose com a anêmona-do-mar que pica.

193 no centro, à esquerda A tartaruga-marinha verde se alimenta no recife e coloca seus ovos nas praias arenosas dos atóis e pequenas ilhas. É facilmente vista, pois se alimenta no fundo do mar ou no recife de coral, geralmente em apenas alguns metros de água.

193 embaixo O mero-grande pode medir até 270 centímetros e pesar mais de 300 quilos. Habita lagoas e recifes de coral e pode ser visto em profundidades que variam de alguns metros a mais de 100 metros.

194 em cima O dugongo, ou vaca-do-mar, é um mamífero marinho herbívoro que vive ao longo da costa norte da Austrália, que se estende desde a Grande Barreira de Corais até a Baía dos Tubarões. Aqui vivem 10.000 deles, cerca de 10% da população mundial.

194 embaixo Durante os meses de verão, a população de baleia-corcunda se reúne ao longo da costa de Queensland, particularmente em direção ao extremo sul da Grande Barreira de Corais, para reproduzir e cuidar dos filhotes.

194-195 O grande tubarão-branco vive no mar aberto. Geralmente permanece nas águas mais frias, como na costa sul da Austrália, mas também visita esporadicamente a Grande Barreira de Corais.

195 embaixo Apesar do nome, o crocodilo-de-água-salgada – a maior espécie do mundo – também vive em rios e estuários. Sua pele de pequenas escamas é considerada muito valiosa, provocando sérias ameaças à população desta espécie.

AS FLORESTAS ÚMIDAS DA NOVA CALEDÔNIA

"A volta à tradição é um mito.
A nossa identidade está perante nós."
Jean-Marie Tjibaou

As Ilhas da Nova Caledônia estão localizadas no Oceano Pacífico a aproximadamente 1200 quilômetros ao leste da Austrália e 1500 quilômetros a noroeste da Nova Zelândia. A ilha principal, conhecida pelos habitantes como "Grande Terra", possui cerca de 16.400 quilômetros quadrados.

Áreas imensas de areia branca, montanhas cobertas de florestas virgens e o céu pontilhado com nuvens que parecem algodão doce: quando o Capitão Cook chegou aqui, em 1775, a paisagem fez com que ele se lembrasse de sua terra natal, a Escócia, cujo nome em latim (Caledônia) ele posteriormente deu às ilhas que descobriu.

Oficialmente um território francês, as ilhas são governadas pela França desde 1853. A posição geográfica deste arquipélago, cercado por um grande recife de coral, lhe confere características distintamente tropicais: mar de águas cristalinas, exuberante vegetação de cores fortes e praias de tirar o fôlego, combinadas à atmosfera francesa. Talvez este seja o aspecto mais dissonante, pois o doce aroma de baguetes frescas nas vilas e ruas destas faixas de terra, lava e coral no meio do Oceano Pacífico não poderia ser mais incompatível. É um lembrança de antigas ambições coloniais, cujo dolorosos efeitos posteriores podem ainda ser sentidos no início do terceiro milênio.

Ao contrário das pequenas ilhas de recente origem vulcânica, a Grande Terra se separou da Austrália há 85 milhões de anos, e desde então permanece separada do continente por uma grande extensão do oceano. Conseqüentemente, esta ecorregião apresenta um alto grau de endemismo. Quase 80% das espécies vegetais são endêmicas e cinco famílias de plantas *(Amborellaceae, Oncothecaceae, Papracrypyiaceae, Phellinaceae e Strasburgiaceae)* são encontradas somente nesta área do mundo. As ilhas possuem o terceiro maior nível de endemismo de todo o Pacífico, depois do Havaí (89%) e da Nova Zelândia (82%). No entanto, o Havaí possui somente 956 espécies vegetais autóctones, ao passo que a Nova Caledônia possui 2973. A natureza antiga específica das plantas pode ser exemplificada pela *Amborella trichopoda*, a única espécie da família *Amborellaceae*, considerada a parente mais próxima sobrevivente das primeiras angiospermas (plantas floríferas). A Nova Caledônia também apresenta uma diversidade incrível de gimnospermas (plantas primitivas não floríferas que incluem as coníferas): 44 espécies, sendo 43 delas endêmicas. A paisagem da floresta mudou um pouco desde os tempos dos dinossauros.

A fauna também apresenta espécies únicas. Não existem anfíbios nativos e apenas três espécies de cobras – nenhumas delas habita a Grande Terra, mas sim pequenas ilhas vulcânicas. Os mamíferos são representados por nove espécies de morcego, a maioria deles é endêmica e vários correm risco *(Notopteris macdonaldi, Pteropus ornatus*,

Pteropus vetulus). Todos os 68 lagartos da Nova Caledônia (60 são endêmicos) pertencem a apenas 3 famílias: *Gekkonidae, Diplodactylidae e Scincidae*.

Há ainda uma antiga família de aves *(Rynochetidae)*, atualmente representada por somente uma espécie: o cagu (*Rhynochetos jubatus*), que é o pássaro nacional da Nova Caledônia, diferenciado de todas as outras espécies pelos pequenos "chifres nasais" que cobrem suas narinas. Emite vários sons diferentes, que podem durar até 15 minutos. Infelizmente, o cagu é uma espécie em risco, como o abetouro-australiano *(Botaurus poiciloptilus)*, o periquito-da-Nova-Caledônia *(Charmosyna diadema)* e a coruja-pequena-da-Nova-Caledônia *(Aegotheles savesi)*. Uma outra espécie seriamente ameaçada é o francolim-da-Nova-Caledônia (*Gallirallus lafresnayanus*). Algumas das espécies de vertebrados da Nova Caledônia são abundantes, como o pombo-imperial-da-Nova-Caledônia *(Ducula goliath)*, o maior pombo arbóreo do mundo; a *Rhacodactylus leachianus*, a maior lagartixa do mundo; e o camaleão-gigante *(Phoboscincus bocourti)*, embora esta espécie não seja vista desde 1870 e possa estar extinta.

As florestas tropicais da Nova Caledônia formam a parte mais rica do território francês e uma das regiões de prioridade para conservação da biodiversidade. Mas nos últimos anos foi verificada uma redução importante da cobertura vegetal, que passou de 70% da superfície insular para apenas 21,5%. Grande parte desta perda se deve à mineração, pois a Nova Caledônia produz cerca de metade do níquel do mundo e abriga 40% dos depósitos de níquel do planeta. O desmatamento e as minas abertas provocaram grave erosão do solo, e os campos são agora áreas de habitação que antes eram cobertas pela floresta tropical. A construção de rodovias tornou as florestas acessíveis a caçadores e várias espécies, incluindo o pombo-imperial-da-Nova-Caledônia, e agora correm risco.

Os animais introduzidos, como porcos, cabras, gatos, cachorros e ratos, estão se tornando um problema crescente para as espécies nativas. O cervo-de-Java *(Cervus timorensis)* também foi introduzido na Nova Caledônia para caça. Além dos danos causados por maltrato do solo e pastagens, queimadas são freqüentemente causadas pelos caçadores, tornando tanto o cervo quanto sua caça graves ameaças para a sobrevivência dos habitats da floresta. As espécies introduzidas também incluem a formiga-neotropical *(Wassmannia auropunctata)*, que entrou acidentalmente na região com pinheiros que vieram do Caribe e agora representa uma grande ameaça às espécies locais de formiga.

Em 2002, a WWF e várias associações de parceria lançaram um programa para a recuperação e conservação de florestas da Nova Caledônia. Este projeto ambicioso envolve tanto o reflorestamento quanto a reintrodução de espécies autóctones.

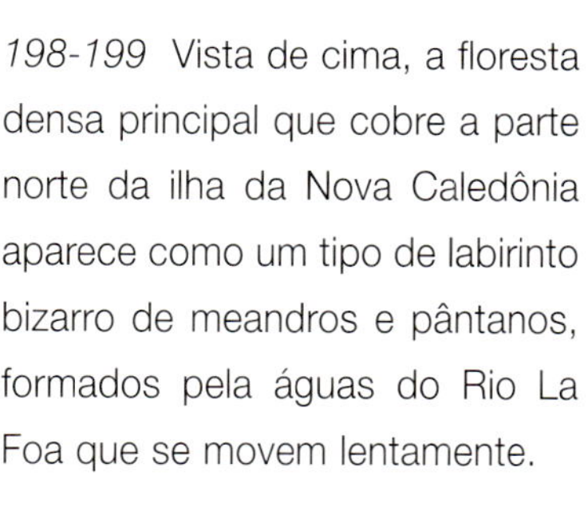

198-199 Vista de cima, a floresta densa principal que cobre a parte norte da ilha da Nova Caledônia aparece como um tipo de labirinto bizarro de meandros e pântanos, formados pela águas do Rio La Foa que se movem lentamente.

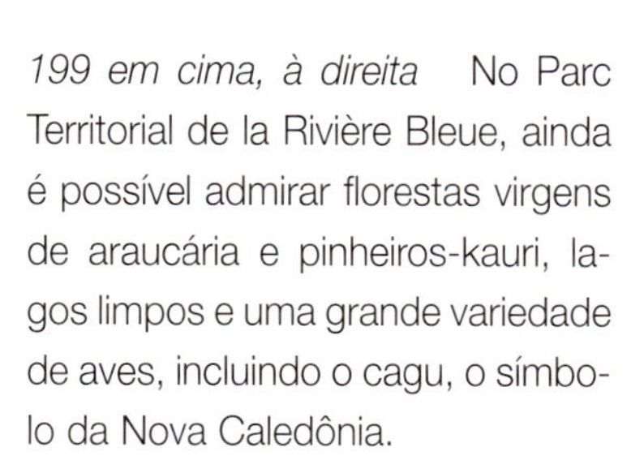

199 em cima, à direita No Parc Territorial de la Rivière Bleue, ainda é possível admirar florestas virgens de araucária e pinheiros-kauri, lagos limpos e uma grande variedade de aves, incluindo o cagu, o símbolo da Nova Caledônia.

199 em cima, à esquerda Na Baía de Canala, o curioso contraste de cores no momento em que os rios ricos em nutrientes se unem à água salgada do mar.

199 no centro, à esquerda Isolada das ilhas e continentes ao redor desde tempos imemoráveis, a floresta tropical da Nova Caledônia se formou durante o Período Cretáceo e ainda permanece parcialmente intacta. A flora da ilha apresenta grande biodiversidade, com mais de 76% de espécies endêmicas, e habitats que incluem florestas sempre verdes e esclerofilas, e vegetação mais baixa.

199 embaixo O lagarto-gigante-de-Guichenot, também conhecido como lagarto-com-cílios, devido às projeções acima dos olhos que se parecem com cílios e se estendem pelo pescoço e nas costas, formando uma crista. Esta espécie não possui pálpebra e utiliza sua língua para limpar os olhos.

200 em cima Inúmeras pequenas ilhas marcam o fundo do recife de coral da Ilha de Pinheiros, onde os esqueletos calcários do coral formaram uma barreira rochosa.

200 embaixo Nekaawi é uma das estreitas ilhas de coral da Nova Caledônia. O recife local é o segundo maior do mundo, depois da Grande Barreira de Corais, e se destaca não apenas por seu nível de biodiversidade excepcionalmente alto, mas também pela presença de muitas espécies raras e endêmicas.

200-201 Uma das atrações da Ilha de Pinheiros é Oro Bay, um estuário famoso por sua posição protegida, suas águas de tom azul-turquesa na altura do joelho e pinheiros altos que cercam a lagoa.

AS FLORESTAS DO HAVAÍ

"O Havaí não é um estado de espírito,
mas sim um estado de graça."
Paul Theroux

As ilhas havaianas formam um arquipélago tropical localizado entre as latitudes de 23° N e 18° N. O grupo é composto pela ilha do Havaí, sete outras principais, incluindo a ilha de Oahu, com a capital Honolulu, e várias outras menores, além de rochas e atóis de coral. O arquipélago está localizado a aproximadamente 4000 quilômetros tanto da costa dos Estados Unidos quanto da costa do Taiti. Pertence geograficamente à Oceania e politicamente aos Estados Unidos.

Explorar estas ilhas significa encontrar cachoeiras magníficas, admirar placas de rocha surgindo do oceano e entrar em uma nuvem de vapor, como se fosse uma sauna natural, no topo dos vulcões. Este é o Havaí, uma terra de sonhos, que evoca imagens de um paraíso na Terra, mas que agora às vezes passa desapercebido, perdido entre tantos destinos exóticos do turismo em massa. Mas as ilhas havaianas são um clássico com seu charme imortal. Seu nome traz à mente imagens de vegetação exuberante e cenário natural espetacular. Esta reputação é merecida, pois o arquipélago foi abençoado com o mais alto nível de biodiversidade de todo o Pacífico. Isso se deve a duas razões principais: à natureza montanhosa das ilhas, em que as diferenças de altitude levaram à formação de vários habitats, e às erupções vulcânicas. De fato, os rios de lava podem agir como barreiras impenetráveis para certas espécies animais que não estão bem adaptadas à dispersão, provocando isolamento e, às vezes, novos processos de diversificação.

Para entender a ecorregião de florestas úmidas do Havaí, imagine-se em um caixa dentro de uma outra caixa (como no jogo de caixas chinesas), e então selecione uma área ainda menor dentro deste universo excepcionalmente rico e diversificado.

A ecorregião ocupa 6700 quilômetros quadrados É composta por florestas tropicais, vegetação úmida mais baixa e brejos, localizadas entre 750 e 1700 metros de altitude, constantemente cercada por névoa e úmida por causa das chuvas tropicais.

A dificuldade de se chegar aos picos mais altos colabora com a sobrevivência de habitats relativamente intactos, com um grande número de espécies de árvores endêmicas e florestas pequenas que constituem a dieta de muitas lesmas-de-árvore e espécies de pássaros, como a família de óscine-do-Havaí, da família Drepanididae. Este grupo endêmico evoluiu a partir de um predecessor, da mesma forma que os tentilhões--de-Darwin nas Ilhas de Galápagos. Hoje, o grupo é composto por 23 espécies, embora tenha sido muito mais numeroso antes da chegada do homem nas ilhas. As que sobreviveram foram as que conseguiram se adaptar de maneiras exclusivas para explorar os recursos de alimentos disponíveis, como óscine-do-Havaí-vermelho, ou iiwi *(Vestiaria coccinea)*, e o agora extinto akialoa *(Hemignathus obscurus)*, especializado em sugar o néctar. Outras, como o akiapola'au *(Hemignathus wilsoni)*, que parece o pica-pau, apanhava sementes pela floresta ou bicava a casca de árvores para capturar larvas e insetos.

As florestas úmidas do Havaí são também o principal habitat de outras aves, como a águia-do-Havaí *(Buteo solitarius)*, um dos poucos predadores endêmicos do arquipélago, o corvo-havaiano *(Corvus hawaiiensis)*, que agora sobrevive somente em cativeiro, e o tordo-havaiano, ou oma'o *(Myadestes obscurus)*. As ilhas foram também o habitat de muitas espécies de aves conhecidas como "chupa-mel" do Havaí e que hoje estão extintas.

Esta ecorregião testemunhou a radiação adaptativa – um tipo de explosão evolutiva multidirecional – de muitas espécies vegetais, óscines, drosófilas-havaianas e outros invertebrados. As drosófilas-havaianas pertencem à família de pequenas moscas frugívoras que se originaram a partir de um pequeno grupo de colonizadores. Os entomologistas calculam que o Havaí abriga mais de 1000 espécies diferentes destes insetos. As drosófilas-havaianas foram definidas como "o maior exemplo de processo evolutivo".

Por fim, as ilhas são habitadas por gansos-do-Havaí *(Branta sandvicensis)*, também conhecidos como ganso-nene, que prefere locais altos e expostos ao vento. Esta espécie foi incluída na lista da Convenção sobre o Comércio Internacional de Espécies da Flora e Fauna Selvagens em Perigo de Extinção (CITES), pois o número de pássaros que permanece na floresta está diminuindo rapidamente com o desaparecimento do seu habitat.

A principal espécie vegetal da floresta são as árvores de acácia (conhecidas localmente como "koa") e os Metrosideros ("Ohia'lehua"). As florestas tropicais das áreas montanhosas são dominadas por *Metrosideros polymorpha*, além de outras espécies de árvores (por ex., *Cheirodendron, Ilex, Antidesma, Melicope, Syzygium, Myrsine, Psychotria e Tetraplasandra*), samambaias arbóreas *(Cibotium spp.)* e uma variedade de arbustos e plantas epífitas, como *Clermontia, Cyanea, Gunnera, Labordia, Broussaisia, Vaccinium, Phyllostegia* e *Peperomia*, que cobrem o solo da floresta e os troncos e galhos das árvores. Inúmeras samambaias e musgos, além de três orquídeas nativas do Havaí, também habitam a floresta tropical.

Florestas úmidas planas e ao pé de montanhas foram amplamente destruídas por queimadas para dar espaço a pastagens e atividades agrícolas. Ainda existem espécies remanescentes das antigas florestas

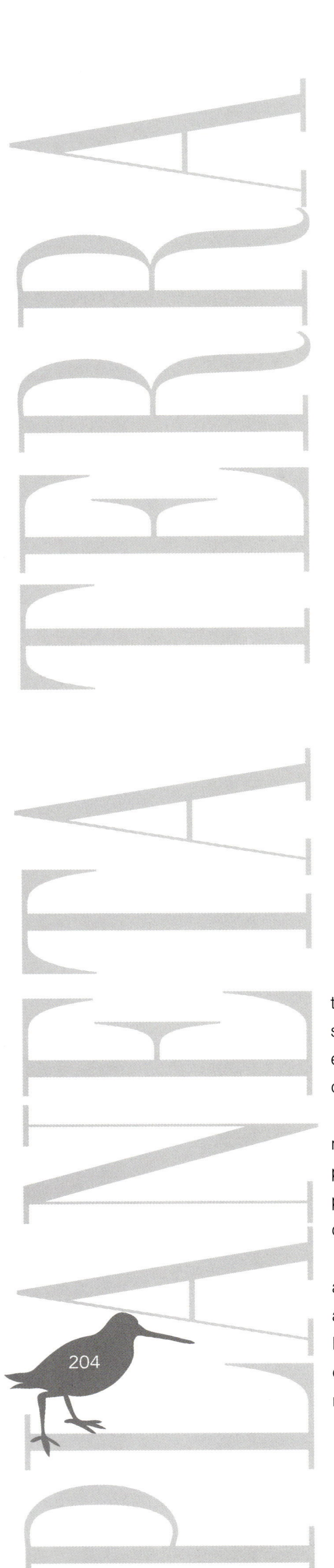

204 Flores e frutas coloridas se destacam entre a vegetação verde exuberante. O pólen e as sementes são transportados pelos animais, então quanto mais visíveis ficarem, maiores as chances de serem "escolhidos" pelos animais.

205 A parte mais alta da floresta, formada pelas maiores árvores, causa a impressão enganosa de monotonia. Porém, esta camada superior esconde a flora de riqueza e diversidade excepcionais.

tropicais do Havaí em áreas montanhosas das ilhas maiores, mas estão seriamente ameaçadas por porcos selvagens e espécies de cervos originalmente da América do Norte, e pela introdução de espécies vegetais estranhas. Os efeitos negativos da criação de campos para pastagens de ungulados selvagens, da introdução de espécies vegetais e do crescimento do turismo são mais graves nestes habitats frágeis das ilhas.

Tanto a WWF Internacional quanto a WWF-EUA estabeleceram projetos de conservação para esta área no passado. A região está atualmente incluída no WWF Global Marine Programme, que visa acabar com a pesca excessiva e promover a sustentável, com duração até junho de 2007. Este projeto também trabalha para a criação de uma rede de unidades de conservação marinha que cubra pelo menos 10% dos mares do mundo, incluindo áreas distante da costa.

No entanto, muitos problemas ainda permanecem. Várias áreas de floresta tropical relativamente intactas ainda não foram declaradas protegidas, nem satisfatoriamente defendidas: as Montanhas Waianae de Oahu, as Montanhas Orientais de Molokai, as Montanhas Ocidentais da Ilha de Maui, as Montanhas Orientais da Ilha de Lanai, as Montanhas de Kohala e as sub-regiões de Hamakua-Hilo e Kona. Biólogos e ecologistas chamam a atenção do governo local para a necessidade de estabelecer novas unidades de conservação nas ilhas e combater a introdução de espécies.

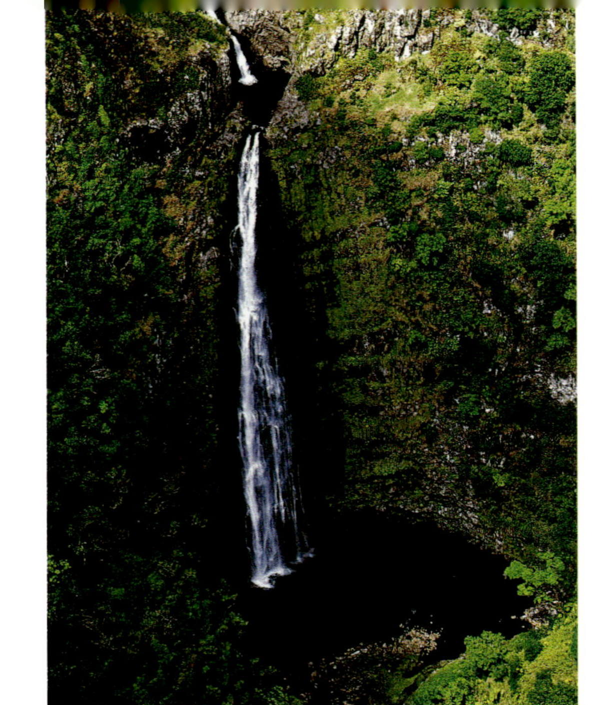

PLANETA TERRA

206 em cima Os cursos de água provocados pela chuvas equatoriais criam cascatas espetaculares.

206 centro O solo de ilhas vulcânicas é sempre fértil e rico em nutrientes.

206 embaixo Os vales fluviais se formam ao longo de fissuras pré-existentes e linhas descontínuas, criadas pelas condições originais da formação geológica. A água cava vales profundos com um formato característico em "V".

206-207 As Ilhas do Havaí são formações geologicamente jovens e suas rampas rochosas são irregulares, ao invés de aplainadas pela erosão. O clima quente e úmido é ideal para o crescimento da vegetação e a paisagem é sempre verde e cheia de vida.

208-209 A queda d'água ressoa entre a vegetação rasteira suntuosa. Embora a umidade seja alta, a falta de luz pode restringir o crescimento das plantas. Por esta razão, as plantas possuem folhas grandes e escuras, que podem absorver cada raio de sol.

209 em cima, à esquerda Um pequeno lagarto da floresta camuflado aparece bem definido e "indefeso" em contraste com uma flor vermelha. As florestas úmidas do Havaí abrigam várias espécies animais e vegetais adaptadas ao clima tropical.

209 em cima, à direita O liwi é umas das muitas espécies ameaçadas. Seu bico longo e curvado permite alimentar-se do néctar de flores específicas, como as lobélias.

209 embaixo As samambaias e outras plantas rasteiras cobrem cada espaço do solo das florestas nos morros de vulcões havaianos.

A ILHA DE PÁSCOA

"Na Ilha de Páscoa... as sombras dos que a construíram
e já se foram ainda são donas dessas terras...
O espaço todo vibra com grande desejo e energia
que existia e não existe mais.
O que foi isso? Por quê?"
Katherine Routledge

A Ilha de Páscoa está localizada no Oceano Pacífico, a aproximadamente 3700 quilômetros do Chile continental e 2200 quilômetros a leste das Ilhas de Pitcairn, na Polinésia. Ocupa 171 quilômetros quadrados e é uma das ilhas habitadas mais isoladas do mundo.

A Ilha de Páscoa é um tipo de Atlântida viva, que preserva os vestígios de um passado remoto misterioso e fascinante. Embora surpreendente, já que a ilha é controlada pelo Chile e existem teorias de que os Incas teriam sido os primeiros a habitá-la, seus descobridores e primeiros habitantes foram realmente os polinésios. Isso foi provado por testes genéticos realizados com esqueletos de antigos habitantes, que revelaram características exclusivas deste povo. A ilha foi, então, "descoberta oficialmente" pelo almirante holandês Jacob Roggeveen no domingo de Páscoa de 1772, fato que originou o nome da ilha. Mas desde o século XIX seus habitantes a chamam de Rapa Nui ("Grande Rapa"), pois os marinheiros taitianos notaram sua semelhança com a Ilha de Rapa, na Polinésia, a 3850 quilômetros na direção oeste.

A terra mais próxima da Ilha de Páscoa fica a quatro, cinco horas de avião, e desde a construção de uma pista de pouso e decolagem, poucos navios chegam a esta ilha remota, que parece uma pedra preciosa no imenso oceano. Porém, esta isolação extrema e opressiva permitiu o desenvolvimento de uma cultura singular. A escultura dos antigos habitantes da ilha sobrevive na forma de estátuas únicas e perfeitamente preservadas, que se tornaram o símbolo das civilizações desaparecidas e o que restou para nossa admiração, mesmo sem compreendermos sua essência. Estas estátuas se tornaram o símbolo da nossa relação com o passado. São as famosas figuras Moai, bustos colossais de pedra com rostos estilizados. Mais de 1000 dessas estátuas se encontram espalhadas pela ilha, surgindo do chão como se fosse uma tentativa de restabelecer uma antiga forma de territorialidade, e muitas outras ainda devem ser descobertas. Com base nas localizações peculiares destas estátuas, principalmente ao longo da costa, os arqueólogos supõem que serviram como marcadores simbólicos da fronteira entre "casa" e "lado de fora" e para proteger a ilha, como guardas silenciosos, contra um universo "externo" que era, ao mesmo tempo distante, e ameaçador.

Entre lagos permeados de junco, colinas onduladas, cavernas e desfiladeiros, e fileiras magníficas de Moai, estão vários traços de arte nas pedras e vestígios de casas, estruturas ou simplesmente pavimentações de tempos remotos, o que faz desta ilha um enorme local arqueológico natural. De fato, conforme explicado por Paul Bahn e John Flenley, autores do famoso livro Os enigmas da Ilha de Páscoa, "os atuais habitantes da Ilha de

Páscoa vivem entre as ruínas das grandes realizações de seus antecessores". Este passado carismático e controverso "pesa" não apenas sobre a cultura da ilha, como também em sua história geológica, fauna e flora.

A Ilha de Páscoa está localizada em um "lugar quente", o que significa que foi formada por grandes rios de lava quente liberados pela crosta terrestre. Se não fosse o mar, que oculta boa parte de sua estrutura, poderíamos ver a ilha do jeito que realmente é: uma montanha imponente de quase 3000 metros de altura. A terra é cheia de colinas remontadas pelas crateras; a maior delas, no Monte Rano Kau, tem 1,5 quilômetro de diâmetro. As origens vulcânicas da ilha também provocaram uma grande variedade de formações rochosas. Os picos de três principais montes: Terevaka (510 metros acima do nível do mar), Poike (460 metros) e Rano Kau (300 metros) são constituídos de basalto, que é lava solidificada. Muitas cavernas foram formadas pela lava que se solidificou externamente e criou paredes quando esfriou, enquanto que a rocha incandescente derretida continuava correndo pela parte de dentro, esculpindo cavidades tubulares. Isso explica a aridez da ilha, pois a formação das cavernas causou a drenagem subterrânea da maior parte da água da chuva. Mesmo apresentando clima ameno, com temperatura média em torno de 20,5°C, a ilha é muito seca. As chuvas são distribuídas irregularmente durante o ano, com os períodos mais chuvosos de abril a junho e os de seca nos outros meses, principalmente setembro.

A flora e fauna da ilha são bem limitadas. Em 1956, o botânico suíço Karl Skottsberg observou que nenhuma outra ilha oceânica de tamanho, estrutura geológica e clima similares tinha uma flora nativa tão escassa. Isso se deve não apenas pelas condições climáticas acima, mas também pela isolação extrema da Ilha de Páscoa, agravada pelo fato de que parece nunca ter sido ligada a qualquer massa continental. A ilha não possui espécies de mamíferos, exceto os vários carnívoros e roedores que foram introduzidos, como o rato-do-Pacífico *(Rattus exulans)*, que posteriormente foi substituído por rato-europeu. Os colonizadores também importaram muitos animais domésticos, como gatos, cachorros e coelhos (embora estas duas últimas espécies tenham sido devoradas até a extinção), carneiros, porcos, cavalos e bois. Os pássaros introduzidos incluem o caracará-ximango, a perdiz (uma espécie de codorna), galos e galinhas, muitas das quais se tornaram ferozes e desenvolveram uma característica curiosa: colocam ovos de cor azul pálido. Somente dois répteis terrestres, *Lepidodactylus lugubris* e *Ablepharus boutoui poecilopleurus*, são encontrados na ilha. Existem várias mariposas do grupo *microlepidoptera* – a maioria é cosmopolita ou comum nas ilhas indo-australianas. Somente uma espécie *(Asymphorodes trichograma)* parece ser endêmica.

A Ilha de Páscoa foi, um dia, refúgio para as aves migratórias, muitas das quais faziam seus ninhos na ilha antes da chegada do homem. Mas hoje os locais escolhidos pelas aves para a construção de ninhos são as três pequenas ilhas de Motu Nui, Motu Iti e Motu Kau, a aproximadamente 1,5 quilômetro da costa, que reúnem petréis, andorinhas-do-mar escura, andorinhas-do-mar cinza, alcatrazes, fragatas e outras espécies de aves tropicais. Poucos animais marinhos habitam a ilha, além da antiga tartaruga marinha. As águas ao redor são habitadas por um pouco mais de cem espécies de peixe. Como não há recife de coral, existem também poucos crustáceos. Os invertebrados incluem um número limitado de espécies de aranhas, insetos, isópodes e larvas, um tipo de caracol, além dos escorpiões e grilos que foram introduzidos.

Em 1967, o botânico Sherwin Carlquist calculou que mais de 70% das espécies vegetais da Ilha de Páscoa tinham sido levadas à ilha pelos pássaros, explicando sua vegetação esparsa atual, devido à pequena variedade e presença de pássaros. Um outro fator que provocou o enfraquecimento da vegetação original foi a chegada dos europeus, cujas exigências e instalações danificaram o meio ambiente. As condições da flora em geral ainda são difíceis de avaliar. Uma hipótese sugeria que as correntes marinhas transportavam as sementes de várias espécies distribuídas em áreas costeiras tropicais ou subtropicais, que chegavam na ilha intactas e, desta forma, criavam-se novas colônias. Mas as sementes também podem ter sido levadas pelo vento ou pelos pássaros.

Embora estudos paleobotânicos de pólen fóssil e solo vulcânico indiquem que a ilha abrigava uma extensa variedade de árvores, arbustos e samambaias, distribuídas em zonas de diferentes elevações – principalmente nos flancos dos vulcões Rano Aroi e Rano Raraku – antes da chegada dos primeiros colonizadores polinésios, agora a área é quase totalmente coberta pela grama, exceto alguns arbustos e árvores ornamentais que foram introduzidos. A distribuição de espécies vegetais apresentou variação com o tempo devido a oscilações climáticas que ocorreram durante as fases finais do período Pleistoceno e no início do período Holoceno. Algumas das espécies de árvores que dominavam estas florestas antigas incluíam uma palmeira agora extinta da família da palmeira-do-Chile e o toromiro *(Sophora toromiro)*, que possui uma história intrigante. Esta espécie endêmica, da família Fabaceae e descoberta por Skottsberg, pode atingir 3 metros de altura. Sua madeira vermelha de dureza excepcional era a preferida para a construção de objetos rituais. A introdução de animais de pastagem foi um desastre ecológico e o último exemplar foi encontrado por Thor Heyerdahl, em 1956, na cratera do vulcão Ranu Kau. Nenhum outro botânico encontrou outro desde então.

Mas o toromiro não desapareceu por completo. Heyerdahl juntou algumas sementes do último toromiro na selva e as plantou no Jardim Botânico de Gotemburgo, na Suécia, permitindo a propagação de novas plantas, com exemplos preciosos também no Jardim Botânico de Val Rahmeh, em Menton, na França. Os arbustos que sobreviveram na ilha incluem o hau hau *(Triumfetta semitriloba)*. As samambaias estão entre as espécies que podem ser consideradas nativas da ilha. No entanto, apenas 4 das 15 espécies reportadas são endêmicas: *Doodia paschalis, Polystichum fuentesii, Elaphoglossum skottsbergii* e *Thelypteris espinosae*. Espécies de plantas ornamentais, como o nastúrcio e a lavanda, foram introduzidas recentemente. As plantas para produção agrícola cultivadas localmente incluem o abacate e feijão francês, e as espécies de árvores incluem o eucalipto azul e o cipreste de Monterey.

O Parque Nacional da Ilha de Páscoa, uma unidade de conservação que atualmente cobre mais de 70 quilômetros quadrados, foi declarada Patrimônio Mundial da Unesco em 1995. Mas os habitantes da ilha não reconhecem a autoridade do governo chileno e com freqüência ignoram as normas do parque. A situação fica ainda pior com o problema das espécies introduzidas que alteraram o equilíbrio ecológico da ilha, em alguns casos de forma irreversível. Um dos efeitos mais visíveis é o desmatamento provocado por pastagens e queimadas. Outros problemas ambientais incluem danos resultantes de escavações arqueológicas e turismo. O Chile anunciou recentemente planos para acelerar a proteção dos habitats da Ilha de Páscoa, e no passado a WWF Internacional promoveu e apoiou pesquisas sobre as espécies vegetais ameaçadas da ilha. Mas há muito ainda para ser feito.

A Ilha de Páscoa pode ser considerada um modelo da Terra em pequena escala. A história da ilha – alteração no clima, chegada de pessoas trazendo espécies estranhas e um estilo de vida "civilizado", provocando destruição deste paraíso terrestre – parece refletir a história e o curso do planeta. Portanto, é fundamental agir imediatamente e restabelecer o equilíbrio. Neste aspecto, as palavras de Bahn e Flenley apresentam um tom profético: "(...) Seria uma paisagem verdadeiramente espetacular se todas as estátuas pudessem ser reerguidas em suas plataformas. Mas a natureza, apesar do abuso que sofreu na ilha, vai recuperar tudo. Exceto pela possibilidade de uma erupção vulcânica, é inevitável que não apenas as estátuas fiquem deterioradas, dissolvidas no solo por causa do sol, chuva e vento, mas que, em alguns milhões de anos, as ondas e o vento eliminem a ilha da face da Terra." (Paul Bahn and John Flenley, *Os enigmas da Ilha de Páscoa*).

214 em cima De acordo com pesquisadores, algumas estátuas Moai tiveram, um dia, olhos brancos feitos de coral, como os que ainda podem ser vistos em Ahu Tahai, conferindo um aspecto ainda mais inquietante.

214 embaixo Uma pesquisa recente confirmou que as estátuas tinham ornamentos na cabeça esculpidos em pedra vermelha. Muitas delas foram restauradas e recolocadas em suas posições originais, "olhando" na mesma direção.

214-215 Centenas de estátuas Moai, muitas das quais inacabadas, ainda permanecem nas colinas do vulcão Rano Raraku, que abriga as escavações onde as grandes estátuas foram esculpidas.

215 embaixo Existem entre 500 e 600 estátuas Moai ao longo da costa da Ilha de Páscoa. Muitas se encontram seqüencialmente e outras estão isoladas, com o "olhar" sério fixado no horizonte.

216 em cima Os primeiros colonizadores da Ilha de Páscoa provavelmente chegaram à ilha após uma viagem de milhares de quilômetros a bordo de pequenos barcos, encontrando este inesperado pedaço de terra exposto ao vento e surrado pelas ondas no meio do Oceano Pacífico.

216 embaixo A cratera do vulcão Rano Kau, assim como a do Rano Raraku, possui um pequeno lago no fundo. A cratera fica a aproximadamente 100 metros do nível do mar e está coberta por rica vegetação de área pantanosa.

216-217 A Ilha de Páscoa é uma ilha vulcânica constituída principalmente por rocha eruptiva preta. Mas em alguns pontos a ilha sofreu erosão causada pelo mar, formando praias tipicamente tropicais, como a Praia de Ovahe.

AS ILHAS GALÁPAGOS

"Os habitantes, como eu disse, dizem que podem distinguir
as tartarugas das diferentes ilhas,
e que elas diferem não apenas no tamanho,
mas também em outras características."
Charles Darwin

As Ilhas Galápagos formam um arquipélago de 13 ilhas maiores, 19 ilhas menores, mais de 40 ilhas pequenas e muitas rochas emergentes, algumas ainda não batizadas. Estas ilhas vulcânicas estão localizadas a aproximadamente 1000 quilômetros a oeste do Equador continental, país ao qual pertencem. Isabela, a ilha principal, tem cerca de 4500 quilômetros quadrados. As quatro maiores ilhas depois desta – Santa Cruz, Fernandina, Santiago e San Cristóbal – possuem mais de 500 quilômetros quadrados. No total, este arquipélago árido e improdutivo, no meio do Oceano Pacífico, possui uma área de terra firme de aproximadamente 8000 quilômetros quadrados. A maior parte das ilhas é montanhosa, com vulcões – alguns ainda ativos – que chegam a 1700 metros acima do nível do mar. Mesmo cruzando a linha do Equador, seu clima não é típico dos trópicos, pois é demasiadamente seco.

Desde que foram descobertas por acaso pelo bispo de Panamá, em 1535, Galápagos despertou grande interesse, principalmente pela sua fauna particularmente dócil, o que levou a ser chamada de Islas Encantadas ("Ilhas Encantadas"). O arquipélago inclui duas ecorregiões: uma terrestre, árida, e uma marinha. Normalmente, os ecossistemas não conhecem fronteiras e assim um se sobrepõe ao outro, estabelecendo relações ambientais complexas.

O clima é caracterizado por uma estação quente e chuvosa de janeiro a junho e uma fresca e seca, a "garua", de junho a dezembro. Como estão longe da região continental, as ilhas são fortemente influenciadas pelas correntes oceânicas, em particular a fria Corrente de Humboldt. Periodicamente, a temperatura da água aumenta de forma atípica, provocando chuvas intensas. Este fenômeno é conhecido como El Niño, mais comum perto do fim do ano.

As ilhas apresentam uma variedade de espécies que não são encontradas em qualquer outro lugar, como o albatroz equatorial, o pingüim equatorial, a iguana marinha e o cormorão que não voa. Quando a fria Corrente de Humboldt se choca com as correntes quentes equatoriais, surge o fenômeno conhecido como *upwelling*, isto é, os nutrientes emergem, criando e mantendo uma rica corrente alimentícia e, desta forma, as águas podem alimentar tartarugas marinhas, tubarões, golfinhos, orcas e uma grande variedade de peixes digna de um recife de coral.

As tartarugas gigantes, que deram o nome ao arquipélago, constituem um outro aspecto importante da fauna local, pois exerciam um papel fundamental na teoria da evolução desenvolvida pelo naturalista inglês Charles Darwin, que visitou o arquipélago em 1835. De fato, as tartarugas atraíram a atenção do então jovem Darwin pelo formato de seus cascos, que variavam de uma ilha à outra, podendo assim ser distinguidas umas das outras. Depois que voltou para a Inglaterra, quando reorganizou suas anotações e amostras que coletou durante sua expedição de cinco anos ao redor do mundo, Darwin desenvolveu sua teoria da seleção natural para explicar a evolução.

As aves marinhas predominam entre as espécimes de ave das ilhas, com muitos tipos endêmicos: o pingüim-de-Galápagos *(Spheniscus mendiculus)*, o único pingüim equatorial; o cormorão-de-Galápagos (*Nannopterum harrisi*), de asas atrofiadas; a gaivota-rabo-de-andorinha *(Creagrus furcatus)*, a única gaivota noturna do mundo e que provavelmente desenvolveu este hábito para fugir dos insistentes ataques dos cleptoparasitas (animais que "roubam" os alimentos obtidos por outros); e a gaivota-da-lava *(Larus fuliginosus)*, provavelmente a gaivota mais rara do mundo. Outros exemplos incluem o albatroz-de-Galápagos *(Diomedea irrorata)*, com 12.000 casais que se reproduzem na Ilha Espanhola; a pardela-de-Audubon *(Puffinus lherminieri)*; os petréis-de-tempestade; o rabo-de-junco-de-bico-vermelho *(Phaeton aethereus)*; o pelicano-marrom *(Pelecanus occidentalis)*; a fragata-maior *(Fregata minor)* e a fragata-magnífica *(Fregata magnificens)*; e três espécies de mergulhão que formam colônias compostas por milhares de casais: mergulhão-pata-azul *(Sula nebouxii)*, mergulhão-pata-vermelha *(Sula sula)* e mergulhão-mascarado *(Sula dactylatra)*. Outras espécies endêmicas dos Galápagos incluem a garça-da-lava *(Butorides sundevalli)*, que habita os rochedos íngremes; o falcão-de-Galápagos *(Buteo galapagoenis)*; a coruja-de-árvore-de-Galápagos *(Tyto punctissima)*; o galo-de-Galápagos *(Lateralus spilonotus)*; a pomba-de-Galápagos *(Zenaida galapagoensis)*; o papa-moscas-de-Galápagos *(Myiarchus magnirostris)*; o martinete-de-Galápagos *(Progne modesta)*, quatro espécies de pássaro-canoro *(Nesomimus spp.)*; e, obviamente, os tentilhões-de-Darwin.

As 13 espécies de tentilhões das Ilhas Galápagos constituem um dos exemplos mais famosos de especiação (isto é, a formação de novas espécies). Quando Darwin coletou vários exemplares e os apresentou ao ornitólogo Gould para classificação, ele não tinha idéia alguma de sua importância. Mais recentemente, os exemplares de Darwin foram estudados extensivamente por Peter e Rosemary Grant, que descobriram como estas aves vivem a prova da evolução em ação, mudando seu aspecto de uma geração à outra, para se adaptar às mudanças ambientais.

Além disso, as ilhas também abrigam mamíferos de grande importância para a conservação: o leão-marinho-de-Galápagos *(Zalophus californianus wollebacki)* e a foca-de-Galápagos *(Arctocephalus galagapoensis)*, que formam colônias barulhentas ao longo das costas arenosas e rochosas. O oceano que cerca as ilhas é tão rico em espécies de cetáceas que o arquipélago já foi utilizado como base por muitos caçadores de baleia.

As Ilhas Galápagos não são todas um deserto árido. As montanhas vulcânicas são cobertas por floresta tropical, com samambaias, musgos, liquens e bromélias. As ilhas também abrigam florestas secas únicas de palo santo *(Bursera graveolons* e *Sesleria spp.)*, que pertence a uma família de espécies que é muito comum, particularmente em regiões áridas. Outras espécies típicas incluem os cactos, principalmente uma espécie típica de recentes campos de lava conhecida como cacto-da-lava *(Brachycereus nesioticus)* e o cacto *Jasminocereus thouarsii*, que pode atingir até 7 metros de altura. A costa também abriga florestas de mangues, que são o refúgio de muitas espécies animais.

221, 222-223 e 223 embaixo As Ilhas Galápagos, ou Ilhas Encantadas, estão localizadas próximas à linha do Equador, a aproximadamente 1000 quilômetros a oeste do Equador continental. São ilhas vulcânicas que surgiram do oceano há cerca de 4 milhões de anos.

As causas de desmatamento dos ecossistemas das Ilhas Galápagos estão ligadas à sua popularidade, que nos últimos tempos levou ao crescimento exponencial do turismo e o aumento conseqüente da população local, e pessoas atraídas por novas possibilidades econômicas associadas ao aumento no número de visitantes. A maior presença do homem (tanto moradores quanto turistas) traz problemas de poluição e a introdução de espécies estranhas, que representam uma ameaça à sobrevivência da fauna e flora nativas. A situação fica ainda pior com os acidentes resultantes de maior movimentação de navios na área. O mais recente e o mais grave ocorreu em janeiro de 2001, quando o navio petroleiro Jessica encalhou na ilha de San Cristóbal.

Muitas organizações estão trabalhando ativamente para limitar as ameaças e proteger a incrível biodiversidade das ilhas: WWF, Fundación Natura, International Union for the Conservation of Nature and Natural Resources (IUCN), The Nature Conservancy e Galápagos National Park Service. Suas atividades estão relacionadas ao gerenciamento do turismo, restrição de ocupação das ilhas pelo homem (Santa Cruz e San Cristobál), gerenciamento da pesca de holotúria e lagosta e controle de introdução de espécies, particularmente as domésticas, como porcos, cães, gatos, burros e bodes. O governo do Equador decretou a "Legislação Especial de Galápagos", e o futuro das ilhas (a conservação de sua biodiversidade e oportunidades para as pessoas locais de participar no gerenciamento do território) vai depender de sua aplicação eficaz.

223 em cima As ilhas na costa do Equador, batizadas com o nome das tartarugas gigantes ("galapagos" em espanhol) que as habitam, abriga um grande número destes répteis, que deram origem a subespécies distintas das diferentes ilhas do arquipélago.

224 em cima As Ilhas Galápagos testemunham com freqüência os rios de lava que seguem para o mar, gerando enormes colunas de fumaça branca e ressaltando as origens vulcânicas do arquipélago.

224 centro Os rochedos azulados da costa de Galápagos são habitados por caranguejos vermelhos conhecidos como "pé veloz", pois escavam a praia em busca de alimento e são rápidos para fugir das ondas.

224 embaixo Os leões-marinhos das Ilhas Galápagos são muito dóceis e não temem o homem. De fato, geralmente nadam próximo a turistas que praticam mergulho nas praias.

224-225 As Ilhas Galápagos abrigam a única espécie de iguana marinha do mundo que se alimenta de algas e cujas patas permitem que elas se agarrem a pedras submersas para que não sejam carregadas pelas correntes.

226-227 O mergulhão-mascarado é o maior das três espécies de mergulhão que habitam estas ilhas. Estas aves podem chegar a 90 centímetros de comprimento, com envergadura de asa de 1,8 metro.

226 embaixo Com uma envergadura de asa de até 2,2 metros, a fragata-magnífica é especialista em roubar alimentos de outros pássaros do mar. Durante o namoro, os machos inflam uma bolsa vermelha que têm sob o bico.

227 em cima O pelicano-marrom-de-Galápagos é uma subespécie desta ave comum em boa parte da América e Ilhas do Caribe.

227 embaixo, à esquerda O mergulhão-de-pata-azul é uma ave incrivelmente dócil. A cor distinta de suas patas serve como uma indicação para a fêmea durante o acasalamento.

227 embaixo, à direita A fêmea do albatroz-de-Galápagos coloca um ovo por vez. A Ilha Espanhola abriga 12.000 casais desta espécie, representando quase toda a população do mundo.

228 em cima As iguanas marinhas se agarram às pedras submersas quando se alimentam de algas e podem chegar a 15 metros de profundidade e permanecer debaixo d'água por meia hora.

228 em cima, centro O pingüim-de-Galápagos é a única espécie encontrada no Equador, pois todas as outras habitam a Antártida ou as costas de continentes ao sul.

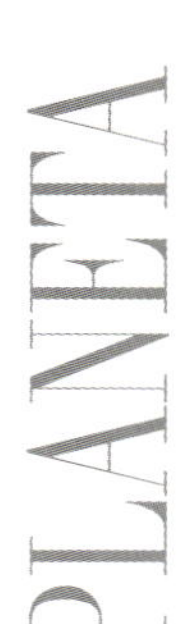

TERRA

AS ILHAS GALÁPAGOS

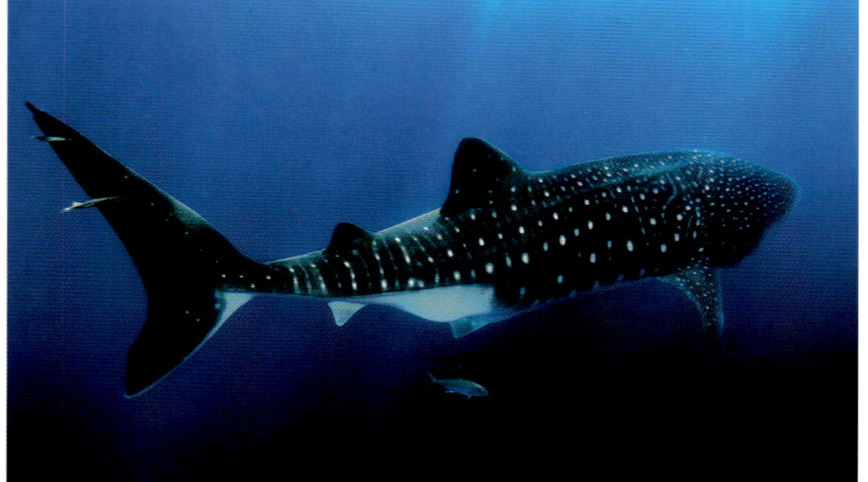

228 embaixo, à direita O tubarão-baleia, que pode ser encontrado nas águas que circundam Galápagos, é o maior peixe do mundo. Pode atingir 18 metros de comprimento e pesar até 22 toneladas.

228 embaixo O tubarão-martelo é o mais temido dentre os muitos tubarões encontrados nas águas que envolvem as Ilhas Galápagos. Mas a grande riqueza de alimentos marinhos reduz a possibilidade de ataques ao homem.

229 Os leões-marinhos habitam as águas das Ilhas Galápagos, embelezando-as com suas danças subaquáticas.

A PRADARIA DO NORTE DA AMÉRICA DO NORTE

"Então, na América, quando o sol se põe....
e sinto toda a terra despida
que se envolve em única enorme massa incrível
até a Costa Ocidental,
e toda aquela estrada que vai,
todas as pessoas sonhando em sua imensidão,
e em Iowa, sei que agora as crianças devem estar chorando
na terra onde deixam as crianças chorar,
e hoje à noite as estrelas vão aparecer..."
Jack Kerouac

A pradaria do norte é a maior ecorregião de pradaria na América do Norte, com 639.000 quilômetros quadrados. Compreende partes do sudeste de Alberta e sudoeste de Saskatchewan, boa parte do leste das Montanhas Rochosas, regiões central e leste de Montana, oeste de Dakota do Norte e Dakota do Sul e nordeste de Wyoming.

Os primeiros a chegar nestas regiões se depararam com uma paisagem impressionante: uma enorme planície, aparentemente sem fim, coberta com flores e habitada por uma grande variedade de espécies animais. Porém, depois da chegada dos colonos europeus, que vieram para a região em números cada vez maiores ano após ano, a paisagem mudou rapidamente com a construção das primeiras fazendas. Os animais começaram a ser caçados com o uso de armas mais avançadas, e não somente como alimento, mas também por esporte. O rico solo da pradaria foi sistematicamente cultivado ou utilizado para pastagens do gado. Boa parte da floresta foi derrubada e o solo virou terra arada. Estes acontecimentos marcaram o início da história do Canadá e dos Estados Unidos, os países modernos da América do Norte, e foram acompanhados pelo desaparecimento progressivo ou desterro a territórios reservados das testemunhas da história anterior da região: os índios norte-americanos, cuja luta ainda continua para defender uma cultura que nasceu e vive do contato com a natureza, que – apesar do impacto causado pelos colonos – continua dominando a Grande Planície sem fim.

São quatro as principais características que distinguem esta ecorregião das outras pradarias: o clima rigoroso de inverno com freqüentes nevadas (e temperaturas que chegam a -10°C), a primavera curta, secas periódicas e o tipo de vegetação que apresenta.

Na região nordeste da América do Norte, a flora é composta principalmente por florestas latifoliadas (de folhas largas), que gradualmente dão espaço às florestas coníferas em pontos mais altos. A área apresenta também muitos tipos de gramíneas, como a grama *(Bouteloua spp.)*, a *flexilha (Stipa spp.)* e o *agropiro (Agropyron spp.)*. Mais ao norte, no Canadá, a vegetação natural é caracterizada por lanciforme *(Poa annua)* e, em menor quantidade,

grama de junho *(Koelaria spp.)*. Uma ampla variedade de capim e arbustos também ocorre, enquanto o cacto amarelo e a opúncia *(Opuntia spp.)* podem ser encontrados em regiões mais áridas. As espécies álamo *(Populus spp.)*, salgueiro *(Salix spp.)* e ácer *(Acer negundo)* crescem em vales e em plataformas fluviais.

Por volta de 1850, a pradaria do norte era o habitat mais amplo do bisão-americano *(Bison bison)*, mas hoje esta espécie está reduzida a pequenos grupos em terras nativas e fazendas particulares. A população de furão-de-pé-preto que foi um dia muito comum, agora está drasticamente reduzida. Vários projetos estão em andamento para a reintrodução desta espécie, que é necessária não apenas por sua conservação, mas também para controlar os abundantes cães-de-pradaria *(Cynomys spp.)*, que são sua presa. Inúmeros esforços também estão sendo feitos para "recuperar" a população de raposa-ligeira *(Vulpes velox)* na região norte da ecorregião.

Embora imaginamos as pradarias como um imenso campo de gramado, um tipo de prado gigantesco, estas áreas apresentam, na verdade, riqueza e variedade surpreendentes. Possuem, por exemplo uma população extraordinariamente rica de mamíferos, por ser uma ecorregião no extremo norte. Além do bisão e do furão-de-pé-preto, abrigam também o coiote *(Canis latrans)*, cuja população está agora aumentando, ao contrário do que acontece com os outros predadores. E a pureza da espécie está ameaçada pelo acasalamento com outros caninos, como lobos e cães domésticos, gerando híbridos que constituem uma ameaça à biodiversidade. Outros habitantes incluem a raposa-vermelha *(Vulpes fulva)*, o guaxinim-norte-americano *(Procyon lotor)*, o urso-negro-americano *(Ursus americanus)*, a marmota *(Marmota monax)*, o esquilo-cinza *(Sciurus carolinensis)*, a tâmia-listrada *(Tamia sibiricus)*, o gambá-listrado *(Mephitis mephitis)*, o cervo-da-Virgínia *(Odocoileus virginianus)*, a toupeira-de-nariz-de-estrela *(Condylura cristata)*, o castor-americano *(Castor canadensis)*, o lince-canadense *(Lynx lynx canadensis)* e o lobo-cinza *(Canis lupus)*. Os anfíbios incluem a perereca-cinzenta *(Hyla versicolor)* e a rã-touro *(Rana catesbeiana)*, enquanto os répteis incluem a típica serpente-listrada *(Thamnophis sirtalis)*.

As espécies de aves desta ecorregião incluem a coruja-boreal *(Aegolius funereus)*, o marreco-de-asa-azul *(Anas discors)*, o gaio-azul *(Cyanocitta cristata)*, o pica-pau-americano *(Scolopax minor)*, a coruja-de-Virgínia

232 e 233 Um raio anuncia a chegada da tempestade. Tornados incrivelmente violentos com tremenda força de destruição podem se formar nas pradarias da região central dos Estados Unidos.

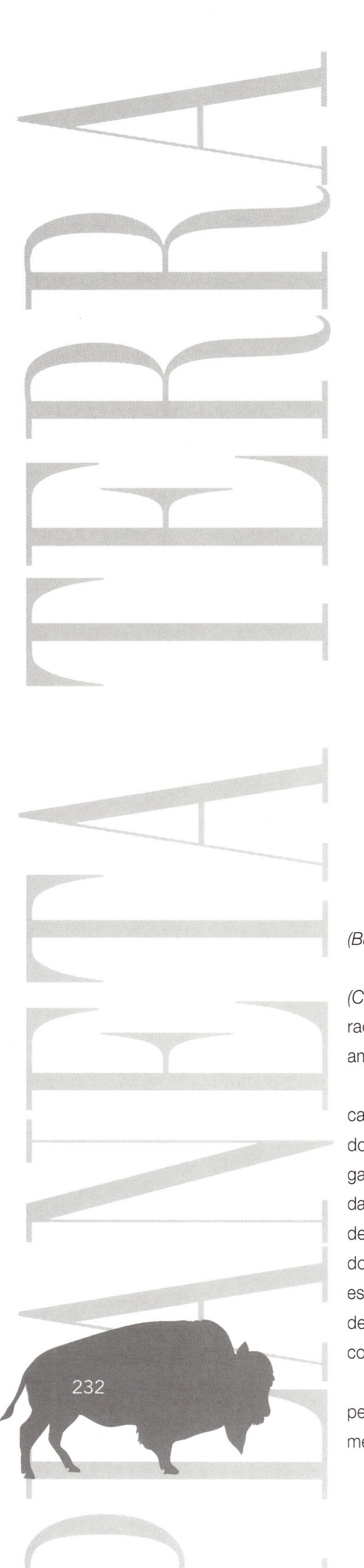

(Bubo virginianus), o mocho-oriental *(Otus sunia)*, a garça-azul *(Ardea herodias)* e a águia-real *(Aquila chrysaetos)*.

A pradaria do norte possui os maiores locais para a reprodução da espécie ameaçada batuíra-melodiosa *(Charadrius melodus)*, localizados ao redor do lago alcalino. Outras aves ameaçadas incluem a coruja-buraqueira *(Athene cunicularia)* e o gavião-ferrugem *(Buteo regalis)*. A WWF e outras associações de defesa ambiental estão concentrando seus esforços de conservação nestas duas espécies.

Quase toda a ecorregião (mais de 85%) foi convertida em pasto ou área para cultivo. Na parte canadense, calcula-se que somente 2% ainda permanece como habitat intacto. Na fronteira com os Estados Unidos, a pradaria nativa foi quase inteiramente substituída por áreas de cultivo de feno e criação de gado. Porém, o potencial de recuperação desta ecorregião é excepcionalmente alto (talvez o maior de toda a América do Norte). Por esta razão, inúmeros projetos de restauração estão em andamento, com o objetivo de proteger e reintroduzir espécies nativas. Um destes projetos, lançado em 2003 pela WWF-Canadá, tem dois objetivos: primeiro, restaurar e conservar a vasta área de pradaria até 2025, além da conservar suas espécies ameaçadas; segundo, após elaborar uma lista das "características básicas" exigidas por este tipo de habitat, reintroduzir e cuidar das espécies ameaçadas, como o bisão-americano e o furão-de-pé-preto, conforme o programa de um projeto transnacional ambicioso.

Um dia será possível contemplar novamente uma paisagem bem similar, se não idêntica, àquela vista pelos primeiros desbravadores, permitindo ver a América do Norte como estes aventureiros viram e ter a mesma sensação de liberdade e impressão de natureza virgem, autêntica e saudável.

PLANETA TERRA

A PRADARIA DO NORTE DA AMÉRICA DO NORTE

234 embaixo A fronteira ocidental da Grande Planície, na América do Norte, é formada pela cordilheira das Montanhas Rochosas. A densidade demográfica desta área é ainda baixa, embora tenha tido um aumento súbito na segunda metade do século XIX com a corrida do ouro.

234 centro Na primavera, flores conferem cor intensa à gigantesca pradaria norte-americana.

234 embaixo O bisão-americano, também chamado de búfalo, é o símbolo mais conhecido da Grande Planície. Ele vive em rebanhos, que às vezes podem ser bem numerosos.

234-235 O Rio Missouri é o maior dos Estados Unidos. Percorre cerca de 4000 quilômetros das Montanhas Rochosas, em Montana, para se unir ao Rio Mississipi, ao norte de St. Louis, em Missouri.

235 embaixo A "nação" indígena de Crow é formada por mais de 10.000 índios da tribo Apsáalooke, que se dedica principalmente à criação de gado.

236-237 Um coiote uiva na pradaria norte-americana. Este animal possui um grande repertório de uivos, que utiliza para se comunicar e que inclui uivos similares aos do lobo.

237 em cima O antilocapro é a única espécie sobrevivente da família Antilocapridae e o animal mais rápido do mundo em longas distâncias, atingindo velocidades de até 90 quilômetros por hora.

237 centro Os criadores de gado americanos há muito tempo promovem guerra indiscriminada ao cão-de-pradaria, e ainda continuam, alegando que esta espécie acaba com as gramas e raízes, das quais seus rebanhos se alimentam.

237 embaixo O furão-de-pé-preto é um dos pequenos mamíferos mais característicos da pradaria e o mamífero mais ameaçado da América do Norte. Considerado extinto em várias ocasiões, sua sobrevivência se deve apenas ao sucesso de programas de reprodução e reintrodução.

A PRADARIA DO NORTE DA AMÉRICA DO NORTE

238 em cima O castor, animal que constrói diques, é um dos pouquíssimos animais capazes de criar um novo ecossistema.

238 no centro, à esquerda O guaxinim é um pequeno carnívoro norte-americano geralmente encontrado próximo a lagos, rios e regiões úmidas.

238 no centro, à direita Uma fêmea da espécie cervo-da-Virgínia acompanhada por seu filhote. Esta espécie vive em grandes rebanhos, em matas e bosques, e gosta particularmente de pradarias e campos abertos.

238 embaixo Os cuidados dos pais são sempre muito importantes para os mamíferos, principalmente no caso dos caninos, como a raposa-vermelha.

239 O urso-negro-americano é o maior carnívoro da pradaria norte-americana. Os filhos ficam com a mãe até pelo menos um ano de idade para aprender todos os seus "truques".

240 em cima A coruja-boreal é uma ave territorial não-migratória, tem hábitos em sua maioria noturnos e voa silenciosamente. Vive em casais e constrói seus ninhos em buracos nas árvores, abandonados por grandes pica-paus.

240 centro Um bisão cruzando o Parque de Yellowstone, que é a última área do mundo onde os rebanhos desta espécie ainda migram.

240 embaixo A caça ao lince ainda é permitida nos Estados Unidos, mesmo tendo provocado uma redução drástica na população da espécie.

240-241 O lobo ficou quase extinto na região continental dos Estados Unidos devido à perseguição do homem, que o considerava um concorrente perigoso e predador de seu gado. Os primeiros programas de conservação foram lançados somente algumas décadas atrás.

241 embaixo A raposa é uma caçadora oportunista que se adapta ao habitat onde vive. Sua dieta inclui pássaros, insetos, minhocas, frutas, frutas silvestres, animais em decomposição e até peixes.

O DESERTO DE CHIHUAHUAN

"A casa, as estrelas, o deserto –
o que os fazem belos é algo invisível!"
Antoine de Saint-Exupéry

A ecorregião do Deserto de Chihuahuan ultrapassa a fronteira entre os Estados Unidos e o México. Ocupa os vales e a bacia central do Novo México e Texas, a oeste do Rio Pecos nos Estados Unidos, além da metade norte do estado mexicano de Chihuahua. Cobre uma área total de aproximadamente 500.000 quilômetros quadrados.

Acredita-se que o nome Chihuahua foi tirado da antiga língua indígena Nahuatl e que significa "um lugar seco e arenoso". O Deserto de Chihuahuan é um território de fronteiras em mais de um sentido, pois não apenas marca a linha biogeográfica imaginária que separa a região neártica (América do Norte e Alasca) da região neotropical (restante das Américas), com fauna e flora muito diferentes uma da outra, como se fosse comparar o norte com o sul, mas também porque esta área foi a "ponte" que permitiu o contato entre os espanhóis que vieram do sul e as imponentes civilizações mesoamericanas. Mais tarde, também, entre os colonizadores europeus (com seus assentamentos, rodovias, ferrovias, minas e gados) que vieram do norte e as populações indígenas remanescentes e fragmentadas.

O Deserto de Chihuahuan é um deserto frio, com elevações que variam de 1100 a 1500 metros de altitude. Embora seu clima seja caracterizado por verão seco e inverno com precipitações ocasionais, este deserto apresenta mais chuvas do que as outras ecorregiões de deserto quente do mundo (de 150 a 400 milímetros). De fato, os imponentes canyons da região foram formados ao longo de milhões de anos pela erosão de cursos de água, na forma de rios de água velozes, e incluem o Barranca del Cobre, o maior canyon do mundo, que cruza a parte ocidental de Sierra Madre, as montanhas dos índios Tarahumara, com 1500 metros de profundidade.

O Deserto de Chihuahuan é uma das três ecorregiões de deserto com a maior biodiversidade do mundo, ao lado do Grande Deserto de Sandy-Tanami na Austrália e do Namib-Karoo no sul da África. Abriga mais de 250 espécies de borboletas, 250 espécies de aves, 100 espécies de mamíferos, 100 espécies de répteis e 20 espécies de anfíbios. Desta forma, é um deserto muito especial.

Como abrange áreas de dois países profundamente diferentes, o Deserto de Chihuahuan mantém um aspecto altamente distinto, também com relação às regiões desérticas vizinhas, como o Deserto de Sonoran e as Montanhas de Sierra Madre. Na verdade, esta ecorregião permanece completamente isolada há 10.000 anos, fato que permitiu o desenvolvimento de muitas espécies endêmicas, principalmente vegetais, e que são na maioria cactos e plantas suculentas, formas tão peculiares que ficaram famosas no mundo inteiro. O Deserto de Chihuahuan abriga cerca de 3500 espécies vegetais, sendo que um terço delas corresponde a tipos endêmicos. A espécie vegetal predominante é o creosoto *(Larrea tridentata)*, além da acácia-viscosa *(Acacia neovernicosa)* e o tarbuche *(Florensia cernua)* na parte norte do deserto, e a iúca e opúncia no sul. O extremo sul é habitado pelo cacto-barril-mexicano *(Ferocactus pringlei)* e o cacto-arco-íris-do-Arizona *(Echinocereus polyacanthus)*.

Os cactus constitui uma das famílias de plantas com o maior nível de endemismo: as famílias Coryphanta e Opuntia estão entre os cinco gêneros que possuem a maioria das espécies da flora mundial.

Devido à recente origem geológica da região, poucos vertebrados de sangue quente tiveram tempo de formar novas espécies. Porém, o Deserto de Chihuahuan abriga muitos mamíferos que desapareceram em outros lugares e exigem grandes áreas abertas, que incluem o antilocapro-americano *(Antilocapra americana)*, que aparece em número reduzido no estado de Chihuahua, a raposa-cinzenta *(Unocyon cineroargentinus)*, o urso-negro--americano *(Ursus americanus)*, o jaguar *(Panthera onca)*, o cateto *(Pecari tajacu)*, o rato-canguru-do-deserto *(Dipodomys spp.)*, o cão-de-pradaria-mexicano *(Cynomys mexicanus)* e o cão-de-pradaria comum *(Cynomys ludovicianus)*. Abriga também o cervo-mula *(Odocoileus hemionus)*, o coelho-californiano *(Lepus californicus)*, a raposa-pequena-americana *(Vulpes macrotis)* e o coiote *(Canis latrans)*. As aves incluem a coruja-de-Virgínia *(Bubo virginianus)*, o mocho-duende *(Micrathene whitneyi)*, que é a menor coruja do mundo, com envergadura de asa de apenas 10 centímetros, e o pica-pau de Gila *(Melanerpes uropygialis)*. Além destes, vários lagartos, lagartixas e cobras, incluindo a célebre cascavel-diamante-do-oeste *(Crotalus atrox)*, tartarugas, como a tartaruga-do-deserto *(Gopherus agassizii)*, e anfíbios, como o sapo-leopardo-de-Chiricahua *(Rana chiricahuensis)*. A região também abriga várias espécies de borboletas, escorpiões e insetos polinizadores que não são encontradas em outro lugar do mundo.

Nos últimos séculos, partes enormes do Deserto de Chihuahuan foram alteradas de maneira irreversível pelas atividades do homem. A pressão exercida pela agricultura e urbanização transformou boa parte do habitat em vegetação secundária. Os terrenos procurados para cultivo são aqueles onde crescem plantas desérticas que podem reter água, como a iúca-filamentosa *(Yucca filifera)*. As atividades intensas de pastagem, as queimadas e o esgotamento das fontes de água estão mudando a vegetação nativa e favorecendo a introdução de espécies. Os grandes vertebrados praticamente desapareceram. O lobo-mexicano *(Canis lupus baileyi)*, que um dia foi comum na região, foi literalmente eliminado da paisagem. O Rio Grande, que cruza as áreas internas desta ecorregião, está cada vez mais poluído. Por fim, o comércio ilegal de espécies animais e vegetais está levando espécies exclusivas de cacto à extinção.

O Deserto de Chihuahuan sofre com a falta de proteção legal. Existem várias reservas naturais, mas não são amplas o suficiente para proteger as muitas espécies ameaçadas de extinção. Conseqüentemente, os principais esforços dos ecologistas estão agora concentrados em exigir às autoridades locais que estabeleçam novas unidades de proteção.

Em 1993, a WWF-México lançou um projeto de conservação inovador que tornou esta ecorregião um modelo para a experimentação de uma nova abordagem, envolvendo a conservação da biodiversidade. Seus principais objetivos são proteger as várias unidades de conservação e estabelecer o uso sustentável de recursos e áreas úmidas. Por exemplo, assim como a criação de gado pode ser prejudicial à vegetação, às propriedades do solo e à diversidade de vertebrados, ajustes relativamente pequenos nos procedimentos de controle podem reduzir este impacto nocivo e aumentar a produtividade dos criadores de bode. Desta forma, um manual para criação de bode sustentável foi criado com a colaboração das principais autoridades locais. Este projeto da WWF-México também estabeleceu regras de gerenciamento da água e está atualmente identificando as principais áreas úmidas onde deve concentrar seus esforços.

244-245 Antigos vales fluviais, canyons profundos e cadeias rochosas formam a paisagem do Deserto de Chihuahuan, produzindo vistas impressionantes de uma área vasta e desolada.

245 em cima O Barranca del Cobre ("Canyon de Cobre") no Deserto de Chihuahuan, que ocupa 65.000 quilômetros quadrados, é o mais imponente e vasto do mundo.

245 centro O saguaro faz parte da flora dos desertos mexicanos.

245 embaixo Os cães-da-pradaria são roedores que vivem em grandes colônias.

O DESERTO DE CHIHUAHUAN

246 à esquerda O jaguar (*Pantera onca*) é um predador capaz de matar grandes animais, como um cervo ou pecari. Vive em selvas, mas também em áreas abertas ou úmidas.

246 à direita O cervo-mula (*Odocoileus hemionus*) é facilmente identificado por suas orelhas compridas parecidas com as da mula e seu rabo curto de ponta preta. Este animal consegue se adaptar aos habitats áridos e semi-desérticos.

247 A população do urso-negro-americano (*Ursus americanus*) vive nas florestas da América do Norte e México, onde pode ser encontrado em vários habitats diferentes, mas prefere as áreas frescas e arborizadas.

AS GRANDES ANTILHAS: CUBA

"Escreva pra mim, você sabe que a solidão de Havana
é tão grande quanto aquela da região do gelo."
José Lezama Lima, carta a uma amiga

Localizado no Mar do Caribe, na América Central, o arquipélago cubano inclui a Ilha de Cuba, a Ilha da Juventude e cerca de outras 1600 pequenas ilhas, cobrindo a área total de 110.922 quilômetros quadrados. A ilha principal, cuja capital é Havana, está dividida em 14 províncias: Pinar del Rio, La Habana, Ciudad de la Habana, Matanzas, Cienfuegos, Villa Clara, Sancti Spiritus, Camagüey, Las Tunas, Holguín, Granma, Santiago de Cuba, Guantánamo e Ciego de Ávila. Está separada do Haiti (77 quilômetros a leste) pelo Canal do Passa Vento e fica a 210 quilômetros da região nordeste do México. A Jamaica está a 270 quilômetros ao sul de Santiago de Cuba e os Estados Unidos a 170 quilômetros ao norte de Havana, do outro lado do Estreito da Flórida.

Cuba é uma terra fascinante, mas também de contradições, já evidentes no momento em que se chega à ilha, quando o visitante sente o cheiro desagradável de gasolina e enxofre mesclado aos tons suaves e mais atraentes da vegetação tropical. A paisagem mostra a arquitetura de estilo colonial e os carros da década de 1950, o que dá a sensação de um mundo nostálgico que parou no tempo; a grande quantidade de cartazes que comemoram a revolução, um passado e uma liberdade que assumem agora um sentido lendário; os palácios decadentes e os hotéis de luxo; o sol caribenho ofuscante e a iluminação elétrica fraca, tudo confirma as sensações de contraste que esta terra evoca. Estes aspectos incorporam ainda um povo excepcionalmente gentil, imaginativo e inteligente, com vitalidade ilimitada, patrimônio musical único e história de lutas, exploração, fome e o desejo de fugir da sombra sempre presente da dominação colonial.

Provida com excelentes portos (Havana, Gibara e Santiago de Cuba), que um dia tornaram a ilha uma importante base para as frotas espanholas que transportavam riquezas ao seu país, Cuba hoje é um destino turístico popular, tanto pela sua história fascinante quanto pelas suas belezas naturais. O país conta com 5746 quilômetros de costa, 289 praias naturais, um dos maiores recifes de coral do mundo, milhares de ilhas e ilhotas de beleza exuberante e cenários aquáticos magníficos.

A história da natureza de Cuba envolve também dependência e separação de intensidades variadas. Na verdade, a ilha abriga o maior número de plantas endêmicas do Caribe, sugerindo que a ilha, em algum momento, foi ligada à área continental da América Central por uma passagem ou seqüência de ilhas, permitindo assim a difusão das primeiras espécies que geraram sua flora atual. Esta teoria parece ser confirmada pelo fato de que a flora cubana é muito mais similar àquela da América Central do que à flora do restante das Antilhas.

Cuba abriga 8000 espécies botânicas, que estão espalhadas em todo o país. Cerca de 6700 delas são plantas vasculares (500 são pteridófitas – samambaias e plantas relacionadas – e 6200 são antófitas – plantas floríferas) e aproximadamente 3100 são endêmicas. Existem 74 gêneros endêmicos de flores.

A vegetação da ilha é principalmente composta por tipos secundários (mata, arbusto e prado, mas sobretudo pradarias e plantações de cana-de-açúcar), embora apresente também florestas de folhas largas e coníferas e pântanos.

Cuba possui 300 espécies diferentes de palmeira. A mais famosa é a palmeira-real *(Roystonea regia)*, símbolo nacional (aparece no brasão cubano e até mesmo no logotipo de uma cerveja produzida na ilha), que possui tronco fino, cinzento e liso, além de folhagens que medem entre 3 e 4,5 metros de comprimento. Há também o coqueiro *(Cocos nucifera)*, que pode atingir 30 metros de altura, com folhas de até 6 metros de comprimento. As frutas no início são verdes, depois ficam amarelas e assumem o tom marrom quando maduras. Os coqueiros contornam as lindas praias arenosas e brancas da ilha, atraindo os turistas com seu côco refrescante, que os cubanos colhem diretamente das árvores, furam e oferecem como bebida. Outras espécies incluem a palmeira-barriguda *(Colpothrinax wrightii)*, com seu característico tronco abaulado e a palmeira-corcho *(Microcycas calocoma)*, que, na verdade, pertence à família Zamiaceae, mas que se parece com uma palmeira. Os mangues (que pertencem à família Rhizophoraceae) correspondem a 26% das florestas da ilha e suas raízes entrelaçadas protegem o solo costeiro da erosão e oferecem refúgio a inúmeros peixes e aves de pequeno porte.

Cuba também tem florestas de pinheiro e, em pontos mais altos, florestas tropicais de ébano e mogno, hoje intercaladas com espécies alóctones de eucalipto.

A cidade de Santiago de Cuba possui jardins botânicos dedicados a samambaias e cactos, ao passo que os de Pinar del Rio são dedicados às orquídeas. A flor nacional é o gengibre-branco *(Hedychium coronarium)*, também conhecido na ilha como "mariposa", pois suas flores brancas de pétalas grandes lembram a borboleta. Estas flores são freqüentemente utilizadas em arranjos de casamento.

A fauna de Cuba também apresenta um alto índice de endemismo, pelas mesmas razões que sua flora. A ilha abriga 350 espécies diferentes de aves, incluindo o incrível beija-flor-abelha *(Mellisuga helenae)*, também conhecido na ilha como "zunzuncito" e o menor pássaro do mundo, com apenas 6,30 centímetros de comprimento, podendo ser facilmente confundido com um inseto.

O tocororo-cubano *(Priotelus temnurus)* é a ave nacional, pois sua plumagem vermelha, branca e azul reflete as cores da bandeira cubana. O pica-pau-bico-de-marfim *(Campephilus principalis)*, que chegou a ser tido como extinto, pois sua última aparição tinha sido em Baracoa no fim da década de 1980, agora é considerado como uma ave que ainda sobrevive em Cuba.

A ilha ainda possui alguns mamíferos nativos. O maior deles que ainda habita a ilha é o almiqui *(Solenodon cubanus)*, um insetívoro que mede cerca de 46 centímetros de comprimento.

Os invertebrados incluem a borboleta-asa-de-cristal *(Greta oto)*, conhecida na ilha como mariposa de cristal, uma das duas únicas no mundo inteiro desta espécie. O caracol-terrestre *(Polymita spp.)* possui casco colorido e pode agora ser encontrado somente em reservas naturais ou em colares à venda na região de Baracoa. As espécies de répteis, além de iguanas, camaleões, crocodilos e lagartos, incluem o boá-cubano *(Epicrates angulifer)*, uma cobra noturna que não ataca o homem.

A vida marinha de Cuba também é riquíssima e inclui o peixe-boi-marinho *(Trichechus manatus)*, o tubarão-baleia *(Rhincodon typus)* e quatro espécies de tartaruga: tartaruga-comum *(Caretta caretta)*, tartaruga-de-couro

251 A Ilha de Cayo Paredón Grande é ligada a Cayo Largo por uma rodovia que percorre o alto de uma barragem. O farol Diego Velázquez, cujo nome é uma homenagem ao conquistador espanhol, está localizado na extremidade leste. A vista do alto é simplesmente inesquecível: praias brancas ofuscantes, mar azul profundo e águas cristalinas a perder de vista.

(Dermochelys coriacea), tartaruga-verde *(Chelonia mydas)* e a tartaruga-de-pente *(Eretmochelys imbricata)*. A moréia-verde *(Gymnothorax funebris)*, a maior moréia da região, pode medir mais de 2 metros de comprimento.

Cuba é um país à beira de grandes mudanças, não apenas políticas e econômicas. Nos últimos anos, o governo admitiu a grande importância do turismo e apoiou todos os projetos com o objetivo de promover e incentivar este mercado. Um dos resultados foi a criação de um Sistema Nacional de Unidades de Conservação, que inclui 263 áreas cobrindo cerca de 22% do território cubano, 77 das quais são consideradas de importância nacional: 7 reservas naturais, 14 parques nacionais, 25 reservas ecológicas, 6 elementos naturais de grande interesse, 9 reservas florais gerenciadas, 8 reservas da fauna e 8 unidades de conservação. As quatro serras de Cuba – Sierra Maestra, Nipe-Sagua-Baracoa, Guamuhaya e Guaniguanico – são Regiões Especiais de Desenvolvimento Sustentável. Este tipo de unidade de conservação também inclui as áreas úmidas de Cienaga de Zapata e os arquipélagos Canarreos e Sabana-Camagüey. Os parques marinhos incluem Punta Francés da Isla de la Juventud, Cayo Piedras del Norte, Cayo Mono e a Península de Hicacos em Varadero, além de várias partes da Península de Guanahacabibes.

A criação relativamente recente destes tipos de unidades significa que as áreas estão sendo controladas de forma diferente do sistema adotado nos Estados Unidos ou na Europa. Muitas trilhas naturais e centros de informação ao visitante ainda estão em construção, e um número crescente de treinamentos é oferecido a guias turísticos em parques e hotéis. Com base no sucesso considerável obtido pelas políticas de conservação ambiental (esquemas para o desenvolvimento de geração de energia eólica, gerenciamento e reflorestamento de florestas e redução da poluição atmosférica e da água interna), a WWF declarou Cuba como o único país que atende a ambos os critérios de desenvolvimento sustentável, com bom nível de desenvolvimento humano e área de cobertura ecológica aceitável.

252 em cima Cayo Largo, com seus 26 quilômetros de areia branca brilhando sob o sol radiante, é um verdadeiro paraíso terrestre.

252 centro O recife de Cayo Largo separa o mar aberto das lagoas internas, criando canais de maré que conferem às águas tons maravilhosos de azul.

252 embaixo A riqueza da fauna marinha de Cayo Coco oferece aos apaixonados por mergulho uma experiência memorável de rara beleza.

252-253 Cayo Coco é considerada a pérola de Cuba, devido à beleza de seu mar e suas paisagens tropicais. A ilha também é um importante local de observação dos pássaros e abriga a maior colônia de flamingos de Cuba.

253 embaixo Playa Juraguá, na província de Santiago de Cuba, não somente possui águas transparentes e rochedos pitorescos, como também oferece vistas incomparáveis das montanhas de Sierra Maestra.

254 em cima e 254-255 As águas cristalinas de Cayo Largo escondem um recife de coral com vida e cores vibrantes, habitado silenciosamente por corais e gorgônias.

254 em cima, no centro O tubarão-cabeça-chata tem o corpo pesado, cabeça arredondada e olhos bem pequenos. É a única espécie de tubarão que consegue viver em habitats tanto de água salgada quanto de água doce e pode ser encontrado em mares tropicais, lagos e rios.

254 embaixo, no centro Os manatins, ou peixes-boi, são mamíferos raros e misteriosos que nadam graciosamente nestes mares. Com os dugongos, deram origem à lenda da sereia, pois marinheiros os viram saindo da água e confundiram com criaturas fascinantes que eram metade mulher e metade peixe. O manatim indiano se alimenta no fundo do mar, agarrando espécies gramíneas com os lábios musculosos.

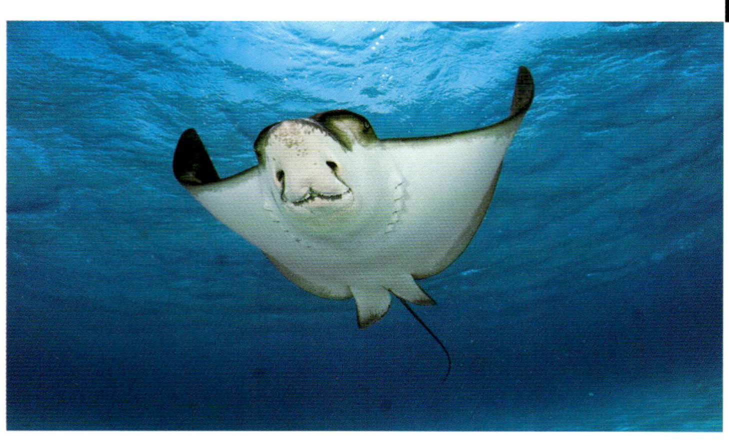

254 embaixo A águia-do-mar pode ser vista até 60 metros de profundidade, onde procura peixes, crustáceos e moluscos no fundo do mar.

256-257 O Rio Hanabanilla percorre a exuberante floresta tropical da província de Sancti Spiritus, criando uma série de cascatas, algumas com mais de 350 metros de altura.

257 em cima O crocodilo-cubano (*Crocodylus rhombifer*) habita somente algumas regiões pantanosas da ilha cubana.

257 no centro, à direita O Rio Hanabanilla, que forma cascatas espetaculares, nasce na Sierra de Escambray.

257 no centro, à esquerda O fascínio hipnótico de um camaleão encanta os visitantes que se aventuram na vegetação encantadora de Cuba.

257 embaixo A tartaruga-estriada freqüentemente é vista tomando sol em grupos em riachos e rios na parte da manhã. Este comportamento peculiar é conhecido *basking*.

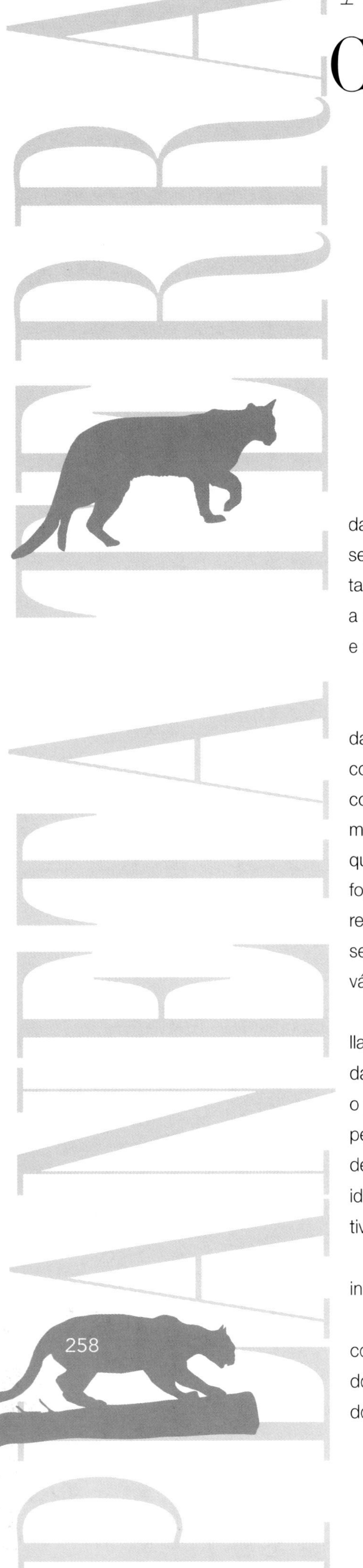

AS SAVANAS DE LLANOS DA COLÔMBIA E DA VENEZUELA

"Posso ler até um soluço sombrio na pedra, ecos sufocados nas torres e prédios, mas uso o tato para estudar uma terra cheia de rios, paisagens e cores e ainda não consigo reproduzi-la."

Eugenio Montejo

Llanos é o termo em espanhol que se refere à vasta planície com vegetação de savana típica do norte da América do Sul. Este sistema de pradarias, que ocupa uma enorme área da Colômbia e da Venezuela, se estende até a região noroeste da bacia do Rio Orinoco e até a bacia do Rio Amazonas ao sul. A área total, incluindo as enormes florestas secas de Apure-Villavicencio (68.000 quilômetros quadrados), corresponde a mais que 450.000 quilômetros quadrados. Cerca de 60% das savanas de llanos pertencem a Venezuela e representam mais de 30% de toda a sua área.

Esta região é a terra dos cowboys llaneros e seus ranchos (conhecidos na região como hatos). É habitada por uma grande variedade de espécies animais e vegetais e apresenta um dos sistemas de água doce continental mais desenvolvidos e característicos do mundo. Aqui, os rios correm lentamente pelas planícies cobertas de gramíneas, são interrompidos por precipícios inesperados, quedas em muros de rocha, e finalmente invadem as florestas exuberantes, criando névoas de água luzente. A planície alterna períodos em que está repleta de acúmulos de água de solo pantanoso e períodos em que se encontra seca e verde. O fogo e a água são os dois lados de uma mesma moeda e os principais elementos contrastantes da mesma região. Durante a estação úmida (verão e outono), as chuvas fortes causam inundações e os rios saem de seus leitos, enquanto que a estiagem intensa e o sol forte da estação seca (inverno e primavera) provocam várias queimadas naturais.

Esta ecorregião é um dos melhores exemplos de savana tropical na América do Sul. As savanas de llanos está localizada em uma grande área de depressão na crosta da Terra, entre os Andes e o Planalto das Guianas, que é incrivelmente plana, com gradiente muito baixo (0,02%). Seguindo em direção ao leste, o ponto mais alto fica a apenas 80 metros acima do nível do mar, enquanto que a região central, drenada pela bacia do Rio Orinoco, é ocupada por savanas aluviais. Desta forma, o substrato geológico das savanas de llanos é formado, principalmente, por depósitos aluviais recentes (menos de dois milhões de anos de idade), que são altamente permeáveis e constituídos por sedimentos da erosão dos Andes. De uma perspectiva geológica, estes ecossistemas são bem "jovens".

As savanas de llanos podem ser divididas em até quatro zonas ambientais distintas: planícies aluviais inundadas, planícies eólicas, planícies de colinas e savanas no pé da montanha.

As planícies aluviais inundadas podem ser divididas em savanas tipo banco, bajio, e estero, cada qual com características diferentes em termos de vegetação, solo e elevação. Os bancos se formam ao longo dos leitos dos rios, cerca de 2 metros acima das áreas ao redor. O solo é pobre, com drenagem insuficiente, dominado por florestas de galerias de espécies de palmeiras, como *Copernicia tectorum*, *Pithecellobium saman*, *Genipa americana* e *Cordia collococa*. Podem abrigar também árvores muito altas, como a *Terminalia amazonica e Ceiba pentandra*, que podem chegar a 50 metros de altura. Os bajios se formam em elevações mais baixas, distantes dos rios, em uma área que somente os sedimentos de terra mais finos podem chegar. Por esta razão, estes solos apresentam drenagem insuficiente e inundações durante a época de chuva. Os solos mais pobres mantêm árvores esparsas. Estas áreas são caracterizadas pela presença de florestas de palmeiras (dominadas pela espécie *Mauritia flexuosa*), também conhecidas na região como morichales, e são mais utilizadas para as atividades do homem. Os esteros constituem a parte mais baixa das savanas e são cobertos com sedimentos muito finos que formam leitos quase impermeáveis, em que a água fica estagnada em poças até a o final da estação seca. Estas áreas quase não apresentam árvores, exceto algumas palmeiras isoladas, e a vegetação tem a predominância de espécies aquáticas flutuantes, com raízes livres na água, como o aguapé-comum *(Eichhornia crassipes)* e o aguapé-de-cordão *(Eichhornia azurea)*, ambos muito comuns. Outras espécies flutuantes típicas incluem *Salvinia*, *Pistia stratiotes* e *Ludwigia*, enquanto as plantas terrestres incluem *Thalia geniculata*, *Ipomoea crassicaulis*, *Ipomoea fistulosa*, *Eleocharis* e *Cyperus*.

As plantas eólicas se estendem até o sul das áreas acima. Consistem de amplos sistemas de dunas fossilizadas modeladas pelo vento e que se formaram durante as eras glaciais recentes. São regiões extremamente áridas e cobertas por uma vegetação que consiste de espécies gramíneas rústicas (por ex.: *Paspalum* e *Trachypogon*), ao passo que as árvores crescem somente nos leitos de alguns rios.

As planícies de colinas são caracterizadas pela presença de morros, que mudam o relevo plano das savanas de llanos. A vegetação é constituída principalmente por gramíneas rústicas, e as áreas mais úmidas apresentam arbustos, dominados pela espécie *Caraipa llanorum*. Como ficam regularmente inundadas, estas regiões não permitem o crescimento de arbustos, que ficariam totalmente submersos. Desta forma, o solo fica coberto por espécies herbáceas anuais.

As savanas no pé na montanha estão localizadas na base da Cordilheira dos Andes. Aqui, o solo é profundo e fértil, permitindo abrigar as florestas de llanos mais ricas. Por esta razão, a agricultura e a criação de gado estão principalmente concentradas nesta área. As espécies de árvores mais típicas são as mesmas dos bancos.

As savanas de llanos possuem um algo nível de biodiversidade. A flora inclui mais de 3500 espécies, com um baixo número de espécies endêmicas (aproximadamente 40). Muitas espécies vegetais típicas desenvolveram formas de adaptação para se defenderem das queimadas. Por exemplo, a casca das espécies *Curatella americana*, *Byrsonima crassifolia*, *Bowdichia virgilioides* e *Palicourea rigidifolia* é muito fina

261 A bacia do Rio Orinoco retratada como uma imensa área verde de água e vegetação: um universo aparentemente monótono que, na verdade, apresenta um nível de biodiversidade excepcionalmente alto.

(até 4 centímetros) e suberizada, parecida com a do sobreiro. A fauna desta ecorregião inclui espécies endêmicas importantes, como o tatu-dos-llanos *(Dasypus sabanicola)*, o crocodilo-do-Orinoco *(Crocodylus intermedius)*, o morcego-do-Orinoco *(Lonchorhina orinocensis)* e o rato-espinhoso-de-O'Connell *(Proechimys oconnelli)*. O mais notável destes é, sem dúvida, o crocodilo-do-Orinoco, a maior espécie de crocodilo do mundo, que pode chegar a 6 metros de comprimento. Devido à sua distribuição limitada, foi classificado como "criticamente ameaçado" pela International Union for the Conservation of Nature and Natural Resources (IUCN). Uma outra espécie importante é a sucuri *(Eunectes murinus)*, a maior cobra do mundo, encontrada em rios e baijos que ficam permanentemente inundados. Porém, a espécie animal mais comum e típica é, sem dúvida, alguma a capivara, representada na ecorregião por uma subespécie *(Hydrochaeris hydrochaeris hydrochaeris)*. A capivara é o maior roedor do mundo, e seu peso pode ultrapassar 80 quilos. É muito comum nas planícies inundadas, canais e rios das savanas de llanos, onde passa a maior parte do tempo se refrescando na água ou na lama. Por esta razão, é uma das presas mais fáceis da sucuri.

A savana de llanos também abriga inúmeras populações indígenas. O censo de 2000 revelou a presença de pelo menos 16.000 índios, que pertencem a vários grupos étnicos. Os maiores são Kariña, Pumé (ou Yaruro), Sikuani e Warao. Até hoje, somente alguns membros falam espanhol, e os grupos continuam adotando um estilo de vida de subsistência tradicional, sustentando-se da caça, da pesca e de cultivos ocasionais de algumas espécies vegetais, como de iúca. A população humana total das savanas de llanos é de aproximadamente um milhão de pessoas, com densidade média de 2 habitantes por quilômetro quadrado.

Apesar desta baixa densidade demográfica, a invasão do homem permanece uma das principais ameaças a esta ecorregião, principalmente em termos de queimadas. Na verdade, as queimadas são utilizadas pelo homem para abrir áreas de criação de gado e cultivo ou durante a caça praticada pelos indígenas. Outras ameaças envolvem criação de gado em grande escala, pesca nos rios e a introdução de espécies domésticas estranhas, como ratos, gatos e cachorros. No entanto, a maior parte da ecorregião permanece em seu estado natural, e pelo menos 80% da área total pode ser considerada "selvagem". As principais mudanças no meio ambiente e nos habitats provocadas pelas atividades humanas, como a construção de barragens e infra-estruturas e o desmatamento, ainda não causaram efeitos em toda a área das savanas de llanos. Como o novelista e jornalista venezuelano Adriano González León escreveu: *"El encanto del Orinoco o del mar Caribe sobre Margarita no me hace olvidar los problemas"* ("o encanto do Orinoco ou do Mar do Caribe na Ilha Margarita não me fez esquecer os problemas"). Com base nesta idéia, e para garantir um futuro a estas terras, a WWF desenvolveu um projeto com o objetivo de conservar a região de llanos e toda a bacia do Rio Orinoco. Esperamos que esta "selva" consiga permanecer intacta, beneficiando a natureza, as populações locais e todos os habitantes do mundo.

262-263 Ao contrário da vegetação rasteira, as áreas de florestas Venezuela e da Colômbia conseguem sobreviver por longos períodos submersas.

263 em cima As águas deste afluente do Rio Orinoco apresentam tom marrom e turvo devido ao alto teor de matéria orgânica, que fornecerá nutrientes preciosos a inúmeros ecossistemas antes de chegar ao mar.

263 centro Quando a água recua durante a curta estação seca, o solo fica coberto por uma fina camada de sedimentos ricos em nutrientes.

263 embaixo Uma lontra gigante na região do Pantanal, saboreando um peixe que acabou de capturar. Estes animais altamente sociáveis vivem em grupos de 3 a 9 membros nas regiões tropicais da América do Sul.

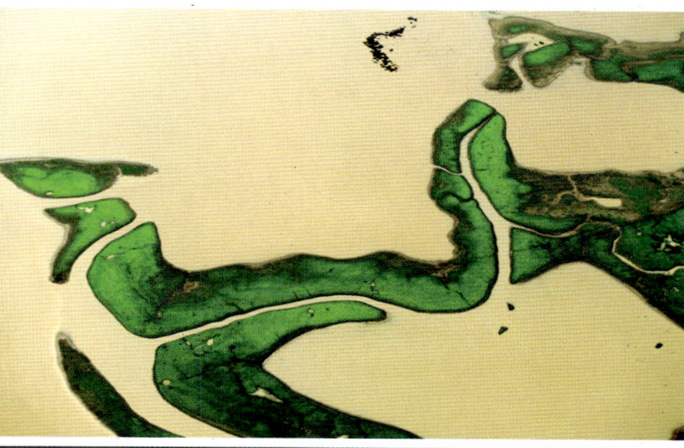

PLANETA TERRA

264 em cima Um crocodilo--americano aproveita o sol quente da América do Sul. As borboletas parecem perceber que o réptil não se interessa por presas tão pequenas.

264 embaixo O jaguar é o maior predador das florestas tropicais da América Central e da América do Sul. Geralmente captura sua presa armando uma emboscada e o espanto da vítima dá lugar ao medo.

264-265 A capivara é um roedor típico das savanas de llanos da Venezuela, que se movimenta com agilidade e confiança pelas planícies inundadas. Outras criaturas, como o pássaro que pousou em sua cabeça, aproveita para localizar sua presa observando de cima.

265 embaixo A sucuri é a maior cobra do mundo. Movimenta-se com agilidade e silêncio pelas plantas submersas das planícies alagas e arma uma emboscada para atacar a presa, que raramente consegue escapar.

266 Uma colhereira rosa aterrissando em uma poça. Esta espécie usa seu bico especialmente adaptado para separar as pequenas criaturas que captura da água e que servem de alimento.

267 em cima Garças e íbis escolhem as mesmas árvores para construir seus ninhos, colorindo-as de vermelho e branco.

267 embaixo, à direita Um íbis vermelho pousado em uma árvore. Esta ave possui um anel de metal na perna, que serve como identificação para pesquisadores.

267 embaixo, à esquerda Um bando de irerê e marreca-cabocla decolam de um lago nas savanas de llanos.

O RIO AMAZONAS E AS FLORESTAS ALUVIAIS

"A selva era como uma virgem, cuja carne
nunca havia experimentado a chama da paixão.
Como uma virgem, era radiante,
misteriosa, como o corpo de uma mulher
que nunca havia sido possuída,
ela também era ardentemente desejada."
Jorge Amado

A floresta tropical da Amazônia ocupa cerca de 6 milhões de quilômetros quadrados (uma área maior do que os Estados Unidos) e compreende vastas áreas de vários países da América do Sul, principalmente do Brasil, com o qual é muitas vezes associada. No entanto, abrange ainda regiões da Venezuela, Colômbia, Equador, Peru, Bolívia, Suriname e Guiana Francesa também.

Uma rede densa de cursos de água corta este imenso manto verde. A umidade relativa de 90% e o índice pluviométrico anual de aproximadamente 3000 milímetros garantem a umidade permanente da área, tanto que a floresta se assemelha a uma esponja. Esta é a terra dos Ameríndios, uma terra de "famintos" e "árvores fascinantes", conforme as palavras da poetisa Marcia Theophilo, mas também da água e do fogo. Uma terra em que os rios são o "ouro". O verde da floresta e tudo ao redor são uma mistura de cores e sons dos animais. A vida aqui não é fácil: até pouco tempo, a região Amazônica era considerada um paraíso por naturalistas do mundo todo, mas um inferno por aqueles que a cruzava. Embora permaneça uma das áreas da Terra com menor presença do homem, a região hoje conta com cidades que expandiram rapidamente e áreas que atraem fazendeiros, criadores de gado, mineradores, aventureiros atrás de ouro e pedras preciosas, empresas madeireiras e petrolíferas.

Mas apesar do avanço vertiginoso da colonização e do desmatamento, a bacia Amazônica inteira ainda abriga um número muito elevado de espécies animais e vegetais e, por isso, é considerada o tesouro mais precioso de biodiversidade do mundo. Só na vida aquática, o Rio Amazonas possui o maior número de peixes de água doce do mundo, estimado em mais de 3000 espécies, assim como os mamíferos, que incluem o boto-cor-de-rosa e a lontra-gigante.

Além disso, é o habitat de mais de 60.000 espécies de plantas, 1000 espécies de aves e mais de 300 espécies de mamíferos. Contudo, a lista de recordes não pára aqui. Com seus quase 6400 quilômetros de extensão, o Rio Amazonas é o segundo maior do mundo, atrás somente do Rio Nilo. Mas, em termos de volume, é o maior da Terra, transportando 20% de toda água doce do planeta, desde os picos mais altos dos Andes até o Oceano Atlântico, onde forma um enorme estuário com inúmeras ramificações, separadas por grandes ilhas de contornos instáveis. A maior delas é a Ilha de Marajó, com uma superfície de 48.000 quilômetros quadrados (uma vez e meia o tamanho da Bélgica).

Todos os anos, durante a estação das chuvas, o nível do rio aumenta mais de 9 metros, inundando e cobrindo a floresta e os habitats vizinhos. As águas carregadas de nutrientes enriquecem as terras onde a floresta cresce, as bacias de lagos que ficam secas durante o período de estiagem e as pradarias. Os peixes de água doce nadam entre as florestas submersas, geralmente se alimentando das frutas que caem das árvores. As áreas inundadas representam um universo de extrema biodiversidade, em que os limites entre as ecorregiões terrestre e de água doce são muito instáveis. O meio ambiente é constantemente "reescrito", confirmando não somente o poder regenerativo da natureza, como também sua indiferença intrínseca a todas as tentativas de classificação.

Durante o período no qual o rio transborda e cobre as áreas vizinhas, o peixe-gato Piramutaba – um dos muitos peixes-gatos grandes do Amazonas – migra por uma distância de aproximadamente 3300 quilômetros, desde onde nasce, nos mangues da região amazônica da Guiana, até onde realiza a desova, na parte alta do Rio Amazonas. Todos os anos, peixes, répteis e outros animais aquáticos cruzam estes habitats submersos para se alimentar e reproduzir, e depois voltam aos leitos fluviais principais, agora sem os transbordamentos.

Os animais, incluindo muitos tipos de macacos, dependem dos alimentos oferecidos por habitats abrigados pela cobertura da floresta. A reprodução de muitas árvores depende da dispersão de sementes realizada por animais frugíveros, que incluem inúmeras espécies de peixes. Os peixes típicos da ecorregião Amazônica são: guppy, piranha, tambaqui, aruanã, pirarucu (mede 3 metros de comprimento e pesa 100 quilos), pirambóia (*Lepidosiren paradoxa*) e tucunaré. Os mamíferos incluem o boto-cor-de-rosa, o boto-tucuxi, o peixe-boi e macacos, como o raro uacari. A região também abriga a tartaruga-da-Amazônia (*Podocnemis espansa*), a maior tartaruga fluvial da América do Sul, e jacaré-açú *(Melanosuchus niger)*.

Em setembro de 2002, o governo brasileiro lançou o Programa Áreas Protegidas da Amazônia (ARPA), em um trabalho conjunto com a WWF. Parcerias específicas foram estabelecidas para as florestas, incluindo uma com o Banco Mundial, com o objetivo de triplicar as unidades de conservação em dez anos. O programa pretende expandir os 80 parques estudados, e a WWF também contribuiu diretamente para a proteção de 33.400 quilômetros quadrados do território. Uma das realizações mais estimulantes foi a criação do Parque Nacional das Montanhas de Tumucumaque, o maior parque de floresta tropical do mundo.

Os inúmeros projetos implementados na região incluem o Projeto Manu, no parque nacional peruano que leva o mesmo nome, estabelecido na década de 1970 para proteger uma grande variedade de espécies, e o Projeto Jupará, nome de uma espécie noturna de marta que espalha as sementes das árvores florestais e cacaueiros, contribuindo involuntariamente para a conservação de seu habitat. Este projeto tem como objetivo refrear o desmatamento das últimas áreas verdes e oferecer incentivos para o cultivo orgânico da pimenta, cravo-da-índia, guaraná e cacau. O Projeto Castanha, que a WWF apóia no estado do Acre, na região noroeste do Brasil, tem como objetivo ajudar os produtores de castanha do Brasil – com cursos e equipamentos – para que se organizam melhor, obtenham certificados de seus produtos e entrem em

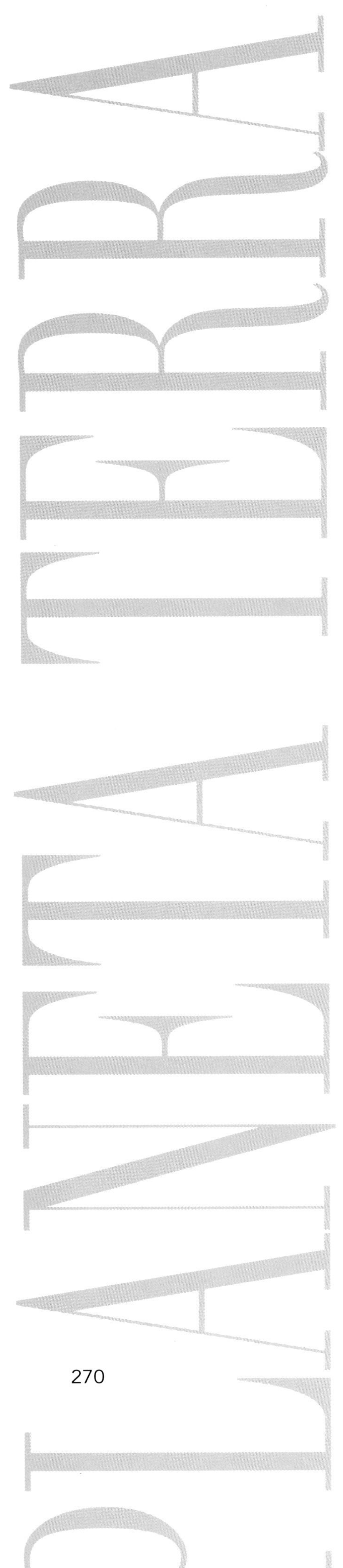

novos mercados. E o mais importante, o projeto concentra esforços para aumentar a renda de comunidades locais que vivem da safra deste cultivo de grande valor comercial. Por outro lado, o projeto Paragominas pretende demonstrar que a floresta sustentável não é somente possível, como também economicamente viável. A marca Forest Stewardship Council (FSC), Conselho de Manejo Florestal, cada vez mais comum, certifica a origem da madeira de florestas bem gerenciadas.

Todos os projetos WWF na Amazônia têm como intuito chegar à sustentabilidade ambiental e social, com colaboração constante das populações locais. Os pescadores nativos, por exemplo, são aliados valiosos na batalha para a proteção das florestas aluviais na parte baixa da Amazônia. Juntos, especialistas da WWF e pescadores selecionam as áreas que devem ser protegidas, replantando árvores ao longo dos leitos fluviais e estabelecendo quotas de pesca para os peixes mais procurados.

271 Com uma extensão que vai do Brasil até Venezuela, Colômbia, Equador, Peru, Bolívia, Guiana, Suriname e Guiana Francesa, a Floresta Amazônica é a maior floresta tropical do mundo e o ecossistema com maior biodiversidade.

272-273 O Rio Amazonas nasce nos Andes peruanos e, depois de ter percorrido uma distância de aproximadamente 6448 quilômetros e ter incorporado vários afluentes, deságua no Oceano Atlântico.

273 em cima A cascata de San Rafael é a mais alta e imponente do Equador, onde o Rio Quijos forma uma queda de 150 metros e depois se une ao Rio Napo, antes de se unir ao Rio Amazonas.

273 centro O macaco-prego, também chamado de capuchinho – pela semelhança de sua pelagem com o capuz dos monges – vive nas regiões central e norte da América do Sul. Sua dieta consiste principalmente de frutas, frutas silvestres, nozes e pequenos insetos.

273 embaixo Conhecido pela lentidão de seus movimentos, o bicho-preguiça é um animal muito sedentário, que geralmente não deixa a árvore onde nasceu. O bicho-preguiça-marrom pode viver em habitats muito diferentes.

274 em cima, à esquerda Uma capivara olha o horizonte. Esta espécie, que habita as terras úmidas de climas tropical e temperado da América do Sul, é a presa favorita dos predadores da Bacia Amazônica.

274 em cima, à direita O crocodilo-americano é comum em toda América do Sul, e particularmente no Pantanal, devido à sua facilidade de adaptação e por ser um animal onívoro.

274 centro O tamanduá-gigante se alimenta de formigas e cupins que localiza com seu olfato aguçado e captura com a língua.

274 embaixo A lontra-gigante é a maior das 13 espécies existentes, e um dos principais predadores dos habitats de água doce tropicais da América do Sul. É considerada, hoje, uma espécie ameaçada.

274-275 O nome jaguar é uma palavra da língua tupi-guarani. Este grande felino vive perto de rios, pântanos e florestas, onde a vegetação densa permite atacar sua presa sem ser visto.

276-277 Um bando de araras vermelhas e verdes entra na vegetação da floresta. Esta ave possui corpo e rabo vermelhos, asas azuis e verdes, rosto branco, listras vermelhas entre o olho e o bico, e pernas e patas escuras.

277 em cima, à esquerda Névoas coloridas de borboletas-da-Amazônia voam nas áreas com água estagnada e pousam onde os minerais se acumulam.

277 no centro, à esquerda O tucano-toco, cujo bico laranja grande e vistoso tem o objetivo de assustar predadores e impressionar as fêmeas, vive em pequenos grupos, procurando frutas e pequenas presas na floresta.

277 embaixo, à esquerda A perereca-amazônica tem hábitos noturnos. Algumas espécies produzem uma secreção semelhante à cera que reduz a perda de umidade por evaporação e assim evita a desidratação.

277 em cima, à direita O beija-flor é conhecido por sua habilidade de permanecer quase parado enquanto paira no ar para se alimentar de néctar inserindo seu longo bico nas flores.

AS ESTEPES DA PATAGÔNIA

"O fim do mundo é o início de tudo"
Escrito em uma casa na cidade de Ushuaia, a Terra do Fogo

A Patagônia está situada entre as latitudes 37° e 55° Sul, na Argentina e no Chile, e ocupa 777.000 quilômetros quadrados. As cidades de Carmen de Patagones e Viedma são as portas de entrada da região.

A estrada que liga Buenos Aires a Bahia Blanca tem mais de 600 quilômetros do seu percurso nos pampas. Continuando ao sul, depois de passar por Puerto Madryn e seguindo em direção a Ushuaia, a cidade no extremo sul do mundo, a paisagem se torna um deserto. A estrada segue reto, com apenas pradaria varrida pelo vento nos dois lados. Este é um dos lugares que causam sensações de tranqüilidade e estupor, que tocam o coração.

No último capítulo de Viagem de um naturalista ao redor do mundo, Charles Darwin se perguntou "por que essas planícies tristes e improdutivas" – sempre descritas em termos negativos – "sem casas, sem água, sem árvores, sem montanhas... por que, então, e não somente comigo, essa terra árida se firmou tanto em minha memória?" Ele concluiu que, em partes, deve ter sido porque deu asas à imaginação. Ou talvez pela imensa tristeza desta terra sem fim descrita por Blaise Cendrars, o que confere à paisagem um clima de melancolia fascinante. Esta é a Patagônia, que descobrimos e aprendemos a gostar pelos relatos de viagem de Bruce Chatwin, do próprio Darwin e Francisco Coloane. É uma terra de estepe xerofítica, com vegetação esparsa e rasteira (resistentes ao vento forte, que arrancaria qualquer outra vegetação mais alta), arbustos espinhentos e grama descontínua. Mas existe uma outra Patagônia, mais diversificada e imprevisível, que possui não somente estepe, mas neve, gelo, lagos e até florestas. Poucos lugares na Terra oferecem um cenário tão variado em um espaço tão pequeno: os planaltos da estepe se estendem até o lado leste dos Andes, enquanto que as montanhas e a costa do Oceano Pacífico abrigam florestas, lagos e geleiras. A Terra do Fogo – assim chamada por causa dos fogos que os índios faziam e que refletiam no céu à noite aos exploradores que chegavam à região pelo mar – tem picos de mais de 1800 metros de altura, enquanto que o lado oriental dos Andes abriga planícies que se parecem com as da costa do Atlântico.

Cenários mais cheios de vida podem ser vistos ao longo da costa, como a colônia de pingüins em Punta Tomba, que é a maior colônia de reprodução de pingüins da América do Sul e segunda do mundo, perdendo apenas para as colônias da Antártida. Aqui, machos e fêmeas de pingüim-de-Magalhães *(Spheniscus magellanicus)* se revezam nas atividades de chocar ovos e pescar, com o dinamismo típico de grandes colônias desta espécie. Mais adiante de Punta Tombo está a estepe, formada por focos de grama esparsos, totalmente sem árvores e uma seqüência regular de estações de serviço e estâncias – fazendas constituídas por duas ou três casas que se parecem vilas nos mapas – localizadas, aproximadamente, a cada 200 quilômetros.

Toda a região do Rio Santa Cruz é um deserto cortado por esse rio de cor azul-turquesa opalescente, que se insinua pela paisagem, conferindo um toque lunar. Os planaltos de basalto continuam até a cidade de El Calafate, onde o deserto se torna cerrado com pedras isoladas, popularmente conhecidas como "pedras do diabo" (pois não se sabe quem ou o que as trouxeram aqui), antes de se mesclar com as matas e depois uma série de florestas formadas por diferentes espécies de faia e lariço, e uma densa vegetação rasteira de lianas, epífitas, musgos e bambu *(Chusquea spp.)*. Por fim, a vegetação chega ao mar branco – a Geleira Perito Moreno, que foi declarada Patrimônio Mundial da UNESCO em 1981. O mistério do rio de cor azul turquesa é desvendado aqui: a ação abrasiva da geleira nas pedras causa a formação de partículas minerais microscópicas, que flutuam na superfície da água, conferindo sua cor característica. As pedras isoladas ao longo da estrada também se devem às geleiras, que um dia ocuparam a área e as deixaram para trás quando derreteram.

A faixa costeira do extremo sul do lado chileno da região abriga a floresta de *Nothofagus* e a floresta megallanica, com espécies decíduas e charnecas *(Pernettya mucronata* e *P. pumilia)*. A antiga separação dos lados chileno e argentino pelos Andes e a diferença no clima explicam por que somente 4 ou 5 das 150 espécies de cacto presentes na Argentina também são encontradas no Chile.

A natureza aqui carrega os sinais do tempo – não o tempo ao qual estamos acostumados, mas o tempo geológico, que muda as formas da Terra, criando ou excluindo lagos e continentes, corroendo rochas e cavando vales. Enormes planícies com centenas de quilômetros de extensão geralmente terminam bem acima do mar, revelando as fases de sua história à superfície rochosa sem vegetação. As terras desta ecorregião são incrivelmente dinâmicas, pois são cobertas pelo mar e reaparecem muitas vezes, e apresentam os sinais de cada movimento, que ainda estão visíveis na forma de camadas de conchas e depósitos marinhos ou aluviais. Tais movimentos provocaram a isolação de populações de animais, um fenômeno que permitiu ao naturalista Charles Darwin confirmar a sua teoria da evolução. O Vale do Rio Deseado, por exemplo, é o gigantesco fóssil de uma floresta tropical: 155 quilômetros quadrados de deserto com troncos petrificados de pro-araucária (antecessora da atual araucária), com 35 metros de altura, cuja enorme folhagem ofereceu sombra a dinossauros e outras criaturas pré-históricas durante o Período Jurássico. As árvores foram posteriormente cobertas por erupções vulcânicas, até que a erosão permitiu seu ressurgimento. Agora são colunas de pedra e desde 1954 fazem parte de uma unidade de conservação e do parque natural (Monumento Natural Bosques Petrificados).

A fauna desta ecorregião inclui espécies endêmicas e únicas, como a condor-dos-Andes *(Vultur gryphus)*, um dos "novos abutres do mundo" e a maior ave de rapina, com envergadura de asa acima de 3 metros, 11 a 15 quilos e visão particularmente bem desenvolvida que permite localizar o animal em decomposição do qual se alimenta; o tatu-canastra *(Priodontes maximus)*, que tem cabeça menor do que os outros tatus e pode sobreviver em habitats áridos e desfavoráveis; o gambá-da-Patagônia ou gambá-de-Humboldt *(Conepatus humboldtii)*, cujo cheiro pode ser percebido a 4 quilômetros de distância; o nandu comum ou nandu-de-Darwin *(Pterocnemia pennata)*, conhecido localmente como petiso ou choique, que se parece com o avestruz. O macho, que é mais alto do que a fêmea, choca os ovos e cuida dos filhotes. Esta ave corre a uma velocidade que pode atingir 45 quilômetros por hora e por esta razão é difícil de ser capturada.

280 Partes da Geleira Perito Moreno, que era muito maior do que é hoje, derreteram e deixaram blocos de rochas e gelos.

281 O Parque Nacional de Los Glaciares é uma unidade de conservação com área que ultrapassa 4400 quilômetros quadrados no lado chileno.

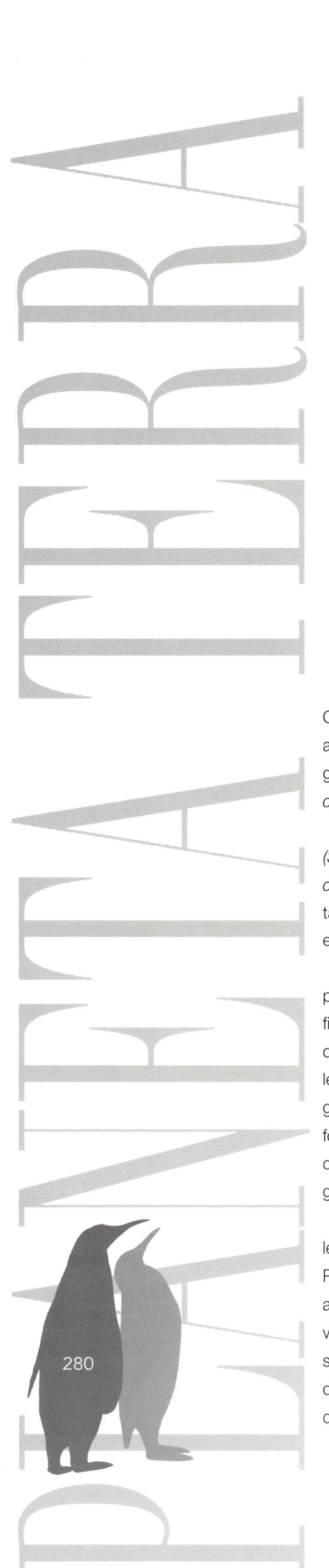

O guanaco (*Lama guanicoe*) é membro da família dos camelos, cuja população habita desde o sul da Bolívia até a Patagônia. Possui pescoço bem comprido, possui comportamento circunspeto e alerta, e pode atingir velocidades surpreendentemente altas, apesar do passo elegante. Por outro lado, o lobo-guará *(Chrysocyon brachyurus)* parece uma raposa de pernas longas, o que facilita caminhar na grama mais alta.

Outras espécies incluem o veado-campeiro *(Ozotoceros bezoarticus)*, o cachorro-do-mato-vinagre *(Speothos venaticus)*, a raposa-dos-pampas *(Pseudalopex gymnocercus)*, o cervo-do-pantanal *(Blastocerus dichotomus)*, o jaguar *(Panthera onca)*, a capivara *(Hydrochoerus hydrochaeris)*, o puma ou leão-da-montanha *(Puma concolor)*, o ganso-da-Patagônia *(Chloephaga hybrida hybrida),* o carcará *(Caracara cheriway)*, entre outros.

Existem também muitos animais "invasores", originalmente da Europa, que foram introduzidos no tempo da conquista espanhola, como o veado e a lebre europeus, cabras, martas, cavalos e os bois, que danificaram o ecossistema. A área abriga muitas plantas que foram introduzidas, como o pinheiro Aleppo e o dente-de-leão, que é agora bem comum nos prados. Mas a pior ameaça a esta ecorregião é homem, que levou algumas espécies quase à extinção pela caça indiscriminada e pela destruição do habitat natural. O guanaco, por exemplo, era bem comum nas planícies e nos planaltos até 1880, mas depois sua população foi reduzida drasticamente com a colonização da área, que trouxe também cultivos em grande escala, criação de gado intensa e caça, fatores que continuam até hoje e representam sérios problemas. Atualmente, os guanacos podem ser vistos nas áreas mais remotas e nas regiões pré-andinas.

Nos últimos 30 anos, a Argentina perdeu cerca de 155.400 quilômetros quadrados de floresta, o equivalente a dois terços dela. Um dos projetos mais importantes é o Programa Refugios de Vida Silvestre (Wildlife Refuges Programme), cujo objetivo é preservar a biodiversidade criando uma série de reservas naturais com acordos econômicos entre os proprietários de 80% das terras na Argentina, e a FVSA (Fundación Vida Silvestre Argentina). Os acordos promovem atividades de produção com base no uso sustentável dos recursos naturais. No futuro, estes sistemas de produção podem ser um modelo de desenvolvimento sustentável do país. Desde 1987, a FVSA criou 16 reservas naturais, cobrindo uma área total que ultrapassa 1165 quilômetros quadrados.

PLANETA TERRA

AS ESTEPES DA PATAGÔNIA

282 em cima Na região ocidental, na base dos Andes, os pampas argentinos dão lugar a um cenário de estepe mais suave, dominada por uma planta umbelífera que confere um tom amarelo forte à paisagem.

282 centro O guanaco é uma espécie protegida no Chile e no Peru, mas não na Argentina, que exporta milhares de peles todos os anos.

282 embaixo Os Andes, que possuem lagos glaciais e geleiras, se destaca majestosamente no Parque Nacional da Terra do Fogo.

282-283 A estepe da Patagônia é uma ecorregião árida e com muito vento, coberta por vegetação herbácea esparsa e que se estende até os Andes.

283 embaixo A floresta petrificada está localizada na parte nordeste da província de Santa Cruz e está protegida desde 1954.

284-285 Punta Tombo abriga uma grande colônia de pingüins magellanicos composta de um milhão e meio de aves. No inverno, eles se dispersam no oceano e ao longo da costa sul do Brasil.

285 em cima A costa da Patagônia abriga colônias de elefante-marinho, foca e leão-marinho. Eles se alimentam de peixes e cada um deles consome de 30 a 60 quilos por dia.

285 embaixo Os elefantes-marinhos da América do Sul se alimentam entre meados de outubro a dezembro. Muitas fêmeas permanecem nas colônias o ano inteiro, mas pouco se sabe sobre a migração dos machos e dos filhotes.

286-287 A Geleira Perito Moreno na Patagônia parece um mar de gelo turquesa. Estes gelos cintilantes dão um toque lunar encantador à paisagem do Parque Nacional de Los Glaciares.

PLANETA TERRA

AS ESTEPES DA PATAGÔNIA

A PENÍNSULA ANTÁRTICA E O MAR DE WEDDELL

"Deus se manifesta na
majestosa beleza da natureza."
Galileo Galilei

Esta ecorregião abrange uma grande área do mar e a costa que vai do Cabo Adams até o Estreito da Antártica. Situada quase totalmente dentro do Círculo Polar Antártico, é constituída pela Península Antártica no extremo norte, que vai em direção à ponta da América do Sul, a cerca de 1000 quilômetros de distância.

Dois continentes que avançam um na direção do outro até quase se unir. O mar, repleto de icebergs, briga sob a luz do sol fria. De repente, bandos de pingüins se espalham como moscas sobre as enormes superfícies de gelo. Um lugar de gelo e luz, e horizontes azuis com raios prateados, a ecorregião da Península Antártica e o Mar de Weddell é um ponto extremo fascinante e mágico da Terra, além de ser remoto e implacável. No inverno, as temperaturas chegam a -90°C no interior e os ventos que varrem estas paisagens infecundas podem ultrapassar 200 quilômetros por hora. Esta é uma das regiões de maior biodiversidade e produtividade biológica da Antártica, devido às constantes correntes marinhas típicas destas latitudes e ao conseqüente fenômeno chamado de *upwelling*, que discutiremos adiante.

A península montanhosa coberta de neve é longa e estreita, com uma cordilheira ultrapassando 4000 metros de altitude, que é uma continuação geológica dos Andes. Sua costa é muito recortada, com vista para o Mar de Weddell a leste e para o Mar de Bellinghausen (coberto em sua maioria por gelo flutuante, ou banquisa) a oeste, no ponto de encontro dos oceanos Atlântico e Pacifico. Foi descoberta em 1820 por um caçador de baleias americano, o Capitão Nathaniel Palmer, e visitada em 1832 por um outro navegador, o inglês John Biscoe, que a batizou de Terra de Graham. Conseqüentemente, os Estados Unidos passou a chamar a região de Península de Palmer e os ingleses de Terra de Graham, alegando que era parte do território de suas Ilhas Falkland. Em 1964, um acordo batizou a região de Península Antártica, sua região sul passou a se chamar Terra de Palmer e a região norte Terra de Graham.

A Antártica e a América do Sul estão separadas pela Passagem de Drake, que é a parte do mar mais espantosa e com mais tempestades do mundo, entre a Terra do Fogo e as Ilhas Shetland do Sul, ligando os oceanos Pacífico e Atlântico. O nome da passagem se deve ao famoso navegador Francis Drake (que nasceu na Inglaterra em 1540 e morreu em 1596 em Puerto Bello, no Panamá), que ficou conhecido como o maior comandante de navios de sua época – tanto que recebeu primeiro o título de cavaleiro e depois de almirante da Rainha Elizabeth I. Mas ele nunca navegou pela passagem, preferindo a rota interna "mais tranqüila" do Estreito de Magellan. A primeira viagem registrada pela passagem foi feita em 1616 pelo navegador holandês Willem Schouten, que batizou o extremo sul da América do Sul com o nome de sua cidade natal, Hoorn, passando a se chamar Cabo de Horn.

O Mar de Weddell tem este nome em homenagem ao marinheiro inglês James Weddell, o primeiro a explorar suas águas, em 1823. O mar abriga um ecossistema marinho rico, no qual grandes quantidades de krill constituem a principal ligação em uma cadeia alimentícia que engloba inúmeras populações de peixes, pássaros e mamíferos marinhos.

O *Euphasia superba* (nome científico do krill da Antártica) pertence à família Euphausiidae de pequenos crustáceos marinhos que se alimentam de plâncton e vivem em grupos numerosos compostos de milhões de membros, que geralmente ocupam um volume de milhares de metros cúbicos de água. Ele pode nadar, mas seu principal meio de locomoção são as correntes marinhas, que o leva a diferentes níveis de profundidade, de acordo com seu estágio de crescimento. Os adultos são rosa, podem atingir até 8 centímetros de comprimento e chegam à maturidade sexual com aproximadamente dois anos de idade, que é também sua média de vida. O krill da Antártica é bem similar a pequenos camarões. Estes seres são, sobretudo, herbívoros – se alimentam de algas microscópicas ou de outros organismos presentes no plâncton.

Coberto de gelo boa parte do ano, o mar é muito gelado. A água atinge sua maior densidade a uma temperatura de 4ºC, quando é mais densa do que a água mais profunda. Esta característica física, combinada à ação das correntes da superfície, provoca a mistura de grandes volumes de águas ricas em nutriente que crescem do fundo, provocando o fenômeno chamado de *upwelling*. Este movimento permite o transporte vertical de "energia" na forma de nutrientes, das grandes profundezas para a superfície em uma coluna de água.

O peixe "sem sangue" da família Channichthyidae representa uma das maravilhas naturais destes habitats. Estas espécies podem sobreviver em condições de quase congelamento, pois seu sangue apresenta baixo nível de glóbulos vermelhos, e conseqüentemente de hemoglobina (a molécula que transporta oxigênio pelo corpo de todos os outros vertebrados), fato que o torna um peixe bem magro. O oxigênio é altamente solúvel em água a baixas temperaturas e tende a ser mais facilmente absorvido pelo sangue braquial. Estes peixes também possuem muitos vasos capilares próximos à pele sem escama. Isso ajuda a absorver oxigênio e conduzi-lo a seus órgãos vitais. Os membros da família Channichthyidae se alimentam de krill, outros crustáceos e pequenos peixes.

Os Notothenioids são um outro grupo de peixes extremamente específicos. Seu sangue não apenas contém hemoglobina, como também uma substância especial que abaixa a temperatura de congelamento da água – um tipo de sistema de anticongelamento desenvolvido por estes incríveis vertebrados.

Os pingüins são, talvez, a espécie animal mais conhecida, característica e exclusiva desta ecorregião. Este nome genérico é utilizado para se referir a um grupo de aves marinhas que não voam, que pertencem à família Sphenisciformes e que habita o hemisfério sul. Vivem nas superfícies de gelo da Antártica e nas ilhas subantárticas, embora várias espécies sejam nativas das costas da Austrália, África do Sul e Ilhas Galápagos. A maioria deles tem a região do peito branca e cabeça e costas pretas ou azuladas. Muitas espécies possuem faixas de cor vermelha, laranja ou amarela na cabeça e pescoço. Suas pernas curtas ficam relativamente longe, para trás, em relação ao eixo do corpo, conferindo a postura reta típica que apresentam. Como a maioria dos alimentos da Antártica pode ser encontrada no mar, os pingüins são muito habilidosos na captura de peixes e são bons nadadores. Utilizam suas barbatanas esticadas como pequenos remos

debaixo da água. Ao contrário da maioria das aves, os pingüins não possuem diferentes tipos de pena com diferentes funções (para voar, se proteger etc.), mas são uniformemente cobertos por uma pele espessa de penas bem pequenas e similares, cuja função é fornecer isolamento térmico. Mas a perda de calor também é limitada pelas características anatômicas, como a superfície do corpo reduzida em relação ao volume. De fato, os pingüins são baixos e cheios com membros curtos (pés, barbatanas e cabeça são pequenos), e uma camada espessa de gordura subcutânea que serve como isolamento térmico.

Existem 18 espécies de pingüins, 5 delas são comuns no Mar de Weddell e na Península Antártica. Os maiores são o pingüim-imperador *(Aptenodytes forsteri)*, que pode chegar a 120 centímetros de altura, e o pingüim-rei *(Aptenodytes patagonicus)*, com aproximadamente 90 centímetros de altura. As outras três espécies são menores e pertencem à mesma família: o pingüim-adélia *(Pygoscelis adeliae)*, o pingüim-gentoso *(Pygoscelis papua)* e o pingüim-de-barbicha *(Pygoscelis antarctica)*, que não ultrapassam 80 centímetros de altura.

Na terra, os pingüins andam, pulam ou deslizam como em tobogãs, impulsionando-se com suas barbatanas e pés. Na água, são nadadores rápidos e ágeis, cujo único meio de propulsão são as barbatanas, pois usam os pés como leme. Alimentam-se de peixes, moluscos, crustáceos e outros pequenos invertebrados marinhos. Durante a época de reprodução, vivem em colônias na terra, compostas de centenas de milhares de membros. Embora estas aves tenham sofrido muito nas mãos do homem, que massacrou inúmeros deles para usar sua gordura e – mais recentemente – sua pele, a distância das regiões onde vivem colabora para a sua sobrevivência.

O pingüim-imperador se alimenta em uma das áreas mais inóspitas do mundo, durante um dos períodos mais frios do ano, colocam e chocam seus ovos a temperaturas que chegam a -62°C. Os pingüins-adélia chocam seus ovos em espaços abertos, em ninhos feitos de pedras ou galhos. Já o pingüim-rei e o pingüim-imperador não constróem ninhos, mas colocam seu único ovo em seus pés, agachados, para que a pele de seu abdômen cubra e aqueça o ovo.

Os pais geralmente cuidam dos ovos e filhotes. O pingüim-adélia macho jejua durante a construção do

292 em cima O pingüim-adélia possui cerca de 70 centímetros de altura e passa boa parte do ano no mar, se alimentando pr ncipalmente de moluscos e crustáceos.

292 embaixo Com 112 a 115 centímetros de altura e 36 a 55 quilos de peso, o pingüim-imperador é a maior espécie de pingüim. Forma grandes colônias entre março e abril, anunciando o início da época de aproximação das fêmeas, que precede a reprodução.

293 O pingüim-de-barbicha é uma espécie colonial muito comum na Antártica e regiões subantárticas, com uma população na natureza estimada de 15 milhões de animais. Embora tenha a tendência de deixar o local de reprodução durante o inverno, não é considerado uma ave migratória.

ninho, reprodução, colocação do ovo e nas duas primeiras semanas de incubação, enquanto as fêmeas fazem reserva de gordura alimentando-se no mar. Quando as fêmeas retornam à terra para assumir a tarefa de chocar os ovos, os machos vão para o mar para se alimentar e manter as reservas de gordura, e depois voltam às colônias com alimento para os filhotes, que neste meio tempo já nasceram. Os pais compartilham a responsabilidade de alimentar os filhotes. Nem todas as espécies jejuam por períodos tão longos como o pingüim-adélia durante a temporada de reprodução. Na verdade, a maioria das espécies fazem seus ninhos perto da costa, para poder visitar o mar todos os dias em busca de alimento.

Um importante predador carnívoro da Antártica recebe o nome deste mar: a foca-de-Weddell *(Leptonychotes weddellii)*, que é um animal relativamente manso, com freqüência se reúne em grandes grupos no gelo flutuante e passa seu tempo na água caçando peixes, moluscos e crustáceos. Pode nadar até grandes profundidades (a centenas de metros) e ficar debaixo d'água por vários minutos na escuridão, procurando sua presa com a ajuda de seus bigodes especiais (vibrissae). Pode também engolir grandes quantidades de alimento sem mastigar mesmo debaixo d'água. A foca-de-Weddell sobe à superfície periodicamente e faz furos no gelo para respirar ou descansar. Na verdade, a principal causa da morte dos mais velhos é a perda dos dentes, com a conseqüente inabilidade de fazer furos no gelo flutuante. Os machos e as fêmeas emitem sons debaixo da água e parece que certos tipos destes sons têm a função de demarcar seu território. As focas-de-Weddell foram muito caçadas pelo homem por causa de sua pele, carne e gordura. Felizmente, hoje, a caça diminuiu drasticamente e sua população está relativamente estável.

As condições ecológicas de toda a ecorregião permanece bem satisfatória, e a pesca excessiva representa o único problema local sério. Os outros problemas são gerais, como alterações no clima e exaustão contínua da camada de ozônio na Antártica, que constituem duas das ameaças mais preocupantes a longo prazo. Em 2005, a WWF lançou um programa de conservação da Antártica e do Sul do Pacífico que vai continuar até 2012. O objetivo é proteger, restaurar e gerenciar de modo sustentável a biodiversidade destas áreas, e ao mesmo tempo tentar limitar o impacto do homem causado pela pesca e alteração no clima.

294 Os filhotes de pingüim-imperador nascem quase sem pêlo, mas logo ganham penas cinzas e macias, exceto na cabeça, onde as penas ganham um tom mais escuro.

295 Em maio, a fêmea do pingüim-imperador coloca somente um ovo, que é chocado tanto pelo pai quanto pela mãe. Depois de nascer, o filhote permanece com os pais até dezembro, quando deixa a região onde nasceu para se alimentar sozinho.

296-297 O faigão-rola é uma ave que forma colônias nas regiões subantárticas. Assim como outros membros da família Procellariidae, possuem passagens nasais tubulares em seu bico.

PLANETA TERRA

ÍNDICE REMISSIVO

PLANETA ÁGUA

CRÉDITOS DAS FOTOS

páginas 8-9: Gallo Images/Corbis
páginas 16-17: Cortesia 2000WWF-EUA
páginas 20-21: Getty Images
página 24 em cima, à esquerda: Antonio Attini/Archivio White Star
página 24 em cima, à direita: Antonio Attini/Archivio White Star
página 24 no centro, à esquerda: Antonio Attini/Archivio White Star
página 24 no centro, à direita: Franco Figari
página 24 embaixo: Momatuik - Eastcott/Corbis
página 25: Hans Strand/Agefotostock/Contrasto
página 26 em cima: Giulio Veggi/archivio White Star
página 26 embaixo: Franco Figari
página 27: Getty Images
páginas 28-29: H.Hautala/Panda Photo
página 32: Jorma Lutha/Nature Picture Library/Contrasto
página 33: Jordi Bas
página 34 em cima: Atlantide Phototravel/Corbis
página 34 embaixo: Luciano Gaudenzio
páginas 34-35: Marcello Bertinetti/Archivio White Star
página 35: F. Pacelli/Panda Photo
páginas 36-37: Marcello Bertinetti/Archivio White Star
página 37 em cima: Marcello Bertinetti/Archivio White Star
página 37 no centro, à esquerda: E. Dragesco/Panda Photo
página 37 no centro, à direita: Eric Dragesco
página 37 embaixo: Luciano Gaudenzio
páginas 38-39: Bartomeu Borrell/Agefotostock/Marka
página 38: John Cancalosi/Nature Picture Library/Contrasto
página 39: M. Piacentino/Panda Photo
página 40 em cima: Eric Baccega/Agefotostock/Marka
página 40 embaixo: R. Linke/Blickwinkel
página 41: M. Delpho/Blickwinkel
página 45: Antonio Attini/Archivio White Star
página 46 em cima, à esquerda: A. Ricciardi/Panda Photo
página 46 em cima, à direita: Francis Abbott/Nature Picture Library/Contrasto
página 46 centro: Juan Manuel Borrero/Nature Picture Library/Contrasto
página 46 embaixo: Marcello Bertinetti/Archivio White Star
páginas 46-47: Antonio Attini/Archivio White Star
páginas 48-49: Antonio Attini/Archivio White Star
página 48: Antonio Attini/Archivio White Star
página 49 em cima: Marcello Bertinetti/Archivio White Star
página 49 no centro, à esquerda: Antonio Attini/Archivio White Star
página 49 no centro, à direita: Marcello Bertinetti/Archivio White Star
página 49 embaixo: Giulio Veggi/Archivio White Star
página 50 em cima: Antonio Attini/Archivio White Star
página 50 no centro, à esquerda: Marcello Bertinetti/Archivio White Star
página 50 no centro, à direita: Marcello Bertinetti/Archivio White Star
página 50 no centro embaixo: Giulio Veggi/Archivio White Star
página 50 embaixo: Antonio Attini/Archivio White Star
páginas 50-51: Antonio Attini/Archivio White Star
páginas 52-53: Antonio Attini/Archivio White Star
páginas 54-55: Marcello Bertinetti/Archivio White Star
página 54: Marcello Bertinetti/Archivio White Star
página 55 em cima: Marcello Bertinetti/Archivio White Star
página 55 embaixo: Marcello Bertinetti/Archivio White Star
página 56 em cima: Alfio Garozzo/Archivio White Star
página 56 centro: Alfio Garozzo/Archivio White Star
página 56 embaixo: Alfio Garozzo/Archivio White Star
páginas 56-57: Alfio Garozzo/Archivio White Star
página 57: Alfio Garozzo/Archivio White Star
páginas 58-59: S.McKinnon/Panda Photo
página 59 em cima: Lluis Real/Agefotostock/Marka
página 59 no centro, à esquerda: Jonathan Blair/Corbis
página 59 no centro, à direita: Kirchgessner/Laif/Contrasto
página 59 embaixo: Yann Arthus-Bertrand/Corbis
páginas 60-61: Marcello Bertinetti/Archivio White Star
página 61 em cima: Marcello Bertinetti/Archivio White Star
página 61 no centro, à esquerda: Antonio Attini/Archivio White Star
página 61 no centro, à direita: Marcello Bertinetti/Archivio White Star
página 61 embaixo: Marcello Bertinetti/Archivio White Star
página 62: Franco Banfi
página 63 em cima: Vincenzo Paolillo
página 63 no centro, em cima: F. DiDomenico/Panda Photo
página 63 no centro, embaixo: Vincenzo Paolillo
página 63 embaixo: Vincenzo Paolillo
página 66 em cima: Marcello Libra/Archivio White Star
página 66 à esquerda: Martin Harvey/Corbis
página 66 embaixo: Marcello Libra/Archivio White Star
páginas 66-67: Charles Sleicher/Danita Delimont
página 67: Bruce Davidson/Nature Picture Library/Contrasto
páginas 68-69: Getty Images
página 70 em cima: Marcello Bertinetti/Archivio White Star
página 70 centro: Marcello Bertinetti/Archivio White Star
página 70 embaixo: Marcello Bertinetti/Archivio White Star
páginas 70-71: Marcello Bertinetti/Archivio White Star
páginas 72-73: Marcello Bertinetti/Archivio White Star
páginas 74 em cima: Marcello Bertinetti/Archivio White Star
página 74 centro: Marry Ann McDonald/Corbis
página 74 embaixo: M. Harvey/Panda Photo
páginas 74-75: F.Polking/Panda Photo
página 75: Arthur Morris/Corbis
página 78: Francois Savigny/Nature Picture Library/Contrasto
página 79: Anup Shah/Nature Picture Library/Contrasto
páginas 80-81: Getty Images
página 80: Getty Images
página 81 em cima: Marcello Bertinetti/Archivio White Star
página 81 embaixo: W. Perry Conway/Corbis
páginas 82-83: Galen Rowell/Corbis
página 83 em cima: Getty Images
página 83 no centro, à esquerda: Galen Rowell/Corbis
página 83 no centro, à direita: Kevin Schafer/Corbis
página 83 no centro, embaixo: Getty Images
página 83 embaixo: Getty Images
páginas 84-85: Gallo Images/Corbis
página 85 em cima: Gallo Images/Corbis
página 85 centro: Gallo Images/Corbis
página 85 embaixo: Gallo Images/Corbis
página 86 em cima: Getty Images
página 86 centro: Anup Shap/Nature Picture Library/Contrasto
página 86 embaixo: Getty Images
página 87: Getty Images
páginas 88-89: Getty Images
página 93: Getty Images
página 94 em cima: M. Harvey/Panda Photo
página 94 no centro, à esquerda: Bruce Davidson/Nature Picture Library/Contrasto
página 94 no centro, à direita: Kevin Schafer/Nhpa/Photoshot
página 94 embaixo: Marcello Bertinetti/Archivio White Star
páginas 94-95: Ian Redmond/Nature Picture Library/Contrasto
página 95: Marcello Bertinetti/Archivio White Star
páginas 96-97: Marcello Bertinetti/Archivio White Star
página 98 em cima: Alamy Images
página 98 no centro, em cima: Tom Brakefield/Corbis
página 98 no centro, embaixo: Anup Shah/Nature Picture Library/Contrasto
página 98 embaixo: Getty Images
páginas 98-99: Getty Images
página 100 em cima: Martin Harvey/Gallo Images/Corbis
página 100 embaixo: Martin Harvey/Gallo Images/Corbis
páginas 100-101: Paul Souders/Corbis
página 105: Amos Nachoum/SeaPics.com
páginas 106-107: Masa Ushioda/SeaPics.com
páginas 108-109: Frans Lanting/Corbis
página 109 em cima: Raffaele Meucci/Marka
página 109 centro: Yann Arthus-Bertrand/Corbis
página 109 embaixo: Marc Chamberlain/SeaPics.com
páginas 110-111: Frans Lanting/Corbis
página 111 em cima: Nigel J.Dennis/Gallo Images/Corbis
página 111 no centro, à esquerda: Hervé Collart/Sygma/Corbis
página 111 no centro, à direita: Richard Du Toit/Nature Picture Library/Contrasto
página 111 embaixo: Eddi Boehnke/Corbis
página 114 em cima: Pete Oxford/Nature Picture Library/Contrasto
página 114 embaixo: Claudio Velasquez/Nature Picture Library/Contrasto

páginas 114-115: Yann Arthus-Bertrand/Corbis
página 115: Wolfgang Kaehler/Corbis
página 116 em cima: M.Harvey/Panda Photo
página 116 centro: Kevin Schafer
página 116 embaixo: Chris Hellier/Corbis
páginas 116-117: Yann Arthus-Bertrand/Corbis
página 120 em cima: Kurt Amsler
página 120 centro: Eugen/Zefa/Corbis
página 120 embaixo: A. Ricciardi/Panda Photo
página 121: Getty Images
página 122 em cima: Marcello Bertinetti/Archivio White Star
página 122 centro: Pete Oxford/Nature Picture Library/Contrasto
página 122 embaixo: Marcello Bertinetti/Archivio White Star
páginas 122-123: Franco Figari
página 124 em cima: Reinhard Dirscherl/Agefotostock/Marka
página 124 embaixo: Reinhard Dirscherl/SeaPics.com
páginas 124-125: Kurt Amsler
página 125: Getty Images
páginas 126-127: Reinhard Dirscherl/SeaPics.com
página 126: Claudio Cangini
página 127 em cima: Reinhard Dirscherl/SeaPics.com
página 127 embaixo: Kurt Amsler
página 131: DLILLC/Corbis
página 132 em cima: A.Shah/Panda Photo
página 132 centro: Roger Tidman/Corbis
página 132 embaixo: Bernard Castelein/Nature Picture Library/Contrasto
páginas 132-133: Wolfgang Kaehler/Corbis
página 134 em cima: Getty Images
página 134 embaixo: DLILLC/Corbis
página 135 à esquerda: Theo Allofs/Corbis
página 135 à direita: Joe McDonald/Corbis
página 138 em cima: Elio Della Ferrera/Nature Picture Library/Contrasto
página 138 centro: Getty Images
página 138 embaixo: David A. Northcott/Corbis
páginas 138-139: Franz-Marc Frei/Corbis
página 140 em cima: Getty Images
página 140 centro: Theo Allofs/Corbis
página 140 embaixo: Terry Whittaker/Frank Lane Picture Agency/Corbis
páginas 140-141: Getty Images
página 143: Getty Images
página 146: Robert Holmes/Corbis
páginas 146-147: Getty Images
página 147 em cima: Getty Images
página 147 centro: Wayne Lawler/Ecoscene/Corbis
página 147 embaixo: HachettePhotos/Contrasto
página 148 em cima: Anup Shah/Nature Picture Library/Contrasto
página 148 embaixo: Getty Images
páginas 148-149: Getty Images
páginas 150-151: Getty Images
página 151 em cima: Getty Images
página 151 embaixo: Getty Images
página 154: Cortesia WWF-Canon/Hartmut Jungius
página 155: Herbert Kehrer/Zefa/Corbis
página 156 em cima: Desireé Astrom
página 156 centro: Igor Shpilenok
página 156 embaixo: Bernard Castelein/Nature Picture Library/Contrasto
páginas 156-157: Bruno Morandi/Agefotostock/Marka
página 157: Gertrud & Helmut Denzau/Nature Picture Library/Contrasto
página 161: Igor Shpilenok
página 162: Desireé Astrom
páginas 162-163: Igor Shpilenok
página 163: Igor Shpilenok
páginas 164-165: Staffan Widstrand /Mature Picture Library/Contrasto
página 165 em cima: Marcello Libra
página 165 centro: Getty Images
página 165 embaixo: Robert Pickett /Corbis
página 166 em cima: Yann Arthus-Bertrand/Corbis
página 166 embaixo: Igor Shpilenok
páginas 166-167: Igor Shpilenok
página 170: Getty Images
página 171: Getty Images
página 172: Lötscher Chlaus/Agefotostock/Marka
página 172 embaixo: Wolfgang Kaehler/Corbis
páginas 172-173: Jacques Langevin/Sygma/Corbis
páginas 174-175: Hinrich Baesemann/Dpa/Picture-Alliance
página 175 em cima: Sue Flood/Nature Picture Library/Contrasto
página 175 embaixo: Robert L. Pitman/SeaPics.com
página 176 em cima: R. Savi/Panda Photo
página 176 centro: Ron Sanford/Corbis
página 176 embaixo: Getty Images
páginas 176-177: Getty Images
página 182 em cima, à direita: Theo Allofs/Corbis
página 182 no centro, à esquerda: Catherine Karnow/Corbis
página 182 no centro, à direita: Gavriel Jecan/Corbis
página 182 embaixo: Theo Allofs/Corbis
páginas 182-183: Mark Laricchia/Corbis
página 183 à esquerda: Martin Harvey/Corbis
página 183 à direita: Mitch Reardon/Lonely Planet Images
páginas 184-185: Paul A. Souders/Corbis
página 189: Roberto Rinaldi
página 190 em cima: Holger Leue/Lonely Planet Images
página 190 centro: Getty Images
página 190 embaixo, à esquerda: Getty Images
página 190 embaixo, à direita: Jean-Paul Ferrero/Ardea
página 191: D. Parer & E. Parer-Cook/Ardea
páginas 192-193: Roberto Rinaldi
página 193 em cima, à direita: Doug Perrine/Nature Picture Library/Contrasto
página 193 em cima, à esquerda: Vincenzo Paclillo
página 193 centro: J. Watt/Panda Photo
página 193 embaixo: Jurgen Freund/Nature Picture Library/Contrasto
página 194 em cima: Tobias Bernhard/Zefa/Corbis
página 194 embaixo: Tobias Bernhard/Zefa/Corbis
páginas 194-195: J. Watt/Panda Photo
página 195: Getty Images
páginas 198-199: Yann Arthus-Bertrand/Corbis
página 199 em cima, à direita: Holger Leue/Lonely Planet Images
página 199 em cima, à esquerda: Yann Arthus-Bertrand/Corbis
página 199 centro: Yann Arthus-Bertrand/Corbis
página 199 embaixo: David A. Northcott/Corbis
página 200 em cima: Remi Benali/Corbis
página 200 embaixo: Remi Benali/Corbis
páginas 200-201: Jean Du Boisberranger/Hemis.fr
página 204: Antonio Attini/Archivio White Star
página 205: Antonio Attini/Archivio White Star
página 206 em cima: Antonio Attini/Archivio White Star
página 206 centro: Antonio Attini/Archivio White Star
página 206 embaixo: Antonio Attini/Archivio White Star
páginas 206-207: Antonio Attini/Archivio White Star
páginas 208-209: George H. H. Huey/Corbis
página 209 em cima, à esquerda: Getty Images
página 209 em cima, à direita: Getty Images
página 209 embaixo: David Muench/Corbis
página 214 em cima: Atlantide Phototravel/Corbis
página 214 embaixo: Getty Images
páginas 214-215: Getty Images
página 215: O. Alamany & E. Vicens/Corbis
página 216 à esquerda: Paul Kennedy/Lonely Planet Images
página 216 à direita: James L. Amos/Corbis
páginas 216-217: James L. Amos/Corbis
página 221: Yann Arthus- Bertrand/Corbis
páginas 222-223: Yann Arthus-Bertrand/Corbis
página 223 em cima: M.Jones/Panda Photo
página 223 embaixo: Yann Arthus-Bertrand/Corbis
página 224 em cima: Pete Oxford/Nature Picture Library/Contrasto
página 224 centro: Getty Images
página 224 embaixo: Kevin Schafer/Corbis
páginas 224-225: Getty Images
páginas 226-227: Art Wolfe
página 226: Getty Images
página 227 em cima: Arthus Morris/Corbis
página 227 embaixo, à esquerda: Nick Garbutt/Nhpa/Photoshot
página 227 embaixo, à direita: M. Jones/Panda Photo
página 228 em cima, à direita: Howard Hall/SeaPics.com
página 228 em cima, à esquerda: Pete Oxford/Nature Picture Library/Contrasto
página 228 centro: Stuart Westmorland/Corbis
página 228 embaixo: Doug Perrine/Nature Picture Library/Contrasto
página 229: Getty Images
página 232: Jim Wark
página 233: Ron Stroud/Masterfile/Sie
página 234 em cima: Jim Wark
página 234 centro: Ron Stroud/Masterfile/Sie
página 234 embaixo: Tom Bean/Corbis
página 234-235: Jim Wark
página 235: Jim Wark

páginas 236-237: Eric Dragesco
página 237 em cima: Rod Planck/Nhpa/Photoshot
página 237 centro: Jeremy Woodhouse/Masterfile/Sie
página 237 embaixo: Jeff Vanuga/Nature Picture Library/Contrasto
página 238 em cima: Getty Images
página 238 no centro, à direita: R. Oggioni/Panda Photo
página 238 no centro, à esquerda: Rolf Nussbaumer/Nature Picture Library/Contrasto
página 238 embaixo: Getty Images
página 239: Getty Images
página 240 em cima: Alamy Images
página 240 centro: Getty Images
página 240 embaixo: Joe McDonald/Corbis
páginas 240-241: B&C Alexander/Nhpa/Photoshot
página 241: Getty Images
páginas 244-245: Jim Wark
página 245 em cima: Heeb/Laif/Contrasto
página 245 centro: Patricio Robles Gil/Agefotostock/Marka
página 245 embaixo: Momatiuk - Eastcott/Corbis
página 246: DLILLC/Corbis
página 247 em cima: Patricio Robles Gil/Nature Picture Library/Contrasto
página 247 centro: Patricio Robles Gil/Auscape
página 247 embaixo: Tom Vezo/Nature Picture Library/Contrasto
página 251: Antonio Attini/Archivio White Star
página 252 em cima: Egidio Trainito
página 252 centro: Vincenzo Paolillo
página 252 embaixo: Antonio Attini/Archivio White Star
páginas 252-253: Antonio Attini/Archivio White Star
página 253: Antonio Attini/Archivio White Star
página 254 em cima, à esquerda: Vincenzo Paolillo
página 254 em cima, à direita: Michael Pitts/Nature Picture Library/Contrasto
página 254 centro: Todd Pusser/Nature Picture Library/Contrasto
página 254 embaixo: Doug Perrine/Nature Picture Library/Contrasto
páginas 254-255: Vincenzo Paolillo
páginas 256-257: Livio Bourbon/Archivio White Star
página 257 em cima, à esquerda: Mike Potts/Nature Picture Library/Contrasto
página 257 em cima, à direita: Antonio Attini/Archio White Star
página 257 centro: Getty Images
página 257 embaixo: Stephen Maka/Photex/Zefa/Corbis
página 261: Yann Arthus- Bertrand/Corbis
páginas 262-263: Andoni Canela/Agefotostock/Marka
página 263 em cima: Art Wolfe
página 263 centro: Yann Arthus-Bertrand/Corbis
página 263 embaixo: Theo Allofs/Corbis
página 264 em cima: Frank Lukasseck/Zefa/Corbis
página 264 embaixo: W.Perry Conway/Corbis
página 264-265: Theo Allofs/Corbis
página 265: Pete Oxford/Nature Picture Library/Contrasto
página 266: Arthur Morris/Corbis
página 267 em cima: M.Watson/Ardea
página 267 centro: Charles Philip Cangialosi/Corbis
página 267 embaixo: Art Wolfe
página 271: Mark Taylor/Bruce Coleman USA
página 272-273: Jose Caldas Gouveia/Agefotostock/Marka
página 273 em cima: Kevin Scafer
página 273 centro: Pete Oxford/Nature Picture Library/Contrasto
página 273 embaixo: Doug Wechsler/Nature Picture Library/Contrasto
página 274 em cima, à esquerda: Andoni Canela/Agefotostock/Marka
página 274 em cima, à direita: Kevin Schafer
página 274 centro: Andy Rouse/Nhpa/Photoshot
página 274 embaixo: Kevin Scafer/Zefa/Corbis
páginas 274-275: Nick Gordon/Nature Picture Library/Corbis
páginas 276-277: Pete Oxford/Nature Picture Library/Contrasto
página 277 em cima, à direita: Kevin Schafer
página 277 em cima, à esquerda: Homo Ambiens Photo Agency
página 277 centro: Kevin Schafer
página 277 embaixo: Pete Oxford/Nature Picture Library/Contrasto
página 280: Alfio Garozzo/Archivio White Star
página 281: Alfio Garozzo/Archivio White Star
página 282 em cima: Craig Lovell/Corbis
página 282 centro: Galen Rowell/Corbis
página 282 embaixo: Martin Harvey/Corbis
páginas 282-283: Anthony John West/Corbis
página 283: Hubert Stadler/Corbis
páginas 284-285: Karen Su/Corbis
página 285 em cima: Hubert Stadler/Corbis
página 285 embaixo: Desireé Astrom
páginas 286-287: Frank Krahmer/Masterfile/Sie
página 291: Franco Figari
página 292 em cima: Tim Davis/Corbis
página 292 embaixo: Getty Images
página 293: Getty Images
página 294: Desireé Astrom
página 295: Marcello Libra
páginas 296-297: Onne van der Wal/Corbis

Via Candido Sassone, 22/24
13100 Vercelli, Itália
www.whitestar.it

ISBN 978-85-7531-305-3

Impresso na China

Este livro foi impresso em papel certificado pela FSC (Forest Stewardship Council).